技工院校一体化课程教学改革 机床切削加工 / 数控加工 专业教材

零件普通车床加工（二）

人力资源和社会保障部教材办公室组织编写

中国劳动社会保障出版社

内容简介

本书主要内容包括车削顶尖、车削锥套、车削单球手柄、车削螺纹轴、车削螺纹套、车削螺旋式千斤顶、车削丝杠七个学习任务。

图书在版编目(CIP)数据

零件普通车床加工. 2/人力资源和社会保障部教材办公室组织编写. —北京：中国劳动社会保障出版社，2013

技工院校一体化课程教学改革机床切削加工/数控加工专业教材

ISBN 978-7-5167-0223-9

Ⅰ.①零… Ⅱ.①人… Ⅲ.①车削-技工学校-教材 Ⅳ.①TG510.6

中国版本图书馆 CIP 数据核字(2013)第 019672 号

中国劳动社会保障出版社出版发行

（北京市惠新东街 1 号　邮政编码：100029）

出 版 人：张梦欣

*

中国铁道出版社印刷厂印刷装订　　新华书店经销

787 毫米×1092 毫米　16 开本　14 印张　245 千字

2013 年 1 月第 1 版　　2018 年 1 月第 6 次印刷

定价：43.00 元

读者服务部电话：（010）64929211/64921644/84626437

营销部电话：（010）64961894

出版社网址：http://www.class.com.cn

技工院校一体化课程教学改革教材编委会名单

编审委员会

编审人员

主　编：唐监怀

副主编：管林东

参　编：王卫国　严红俊　郭守超　谢耀林　张　良

顾　问：朱永亮　张利芳　张晓梅

序

人才是我国经济社会发展的第一资源，技能人才是人才队伍的重要组成部分。党中央、国务院高度重视技能人才队伍建设工作，2009 年 12 月，胡锦涛总书记在视察珠海市高级技工学校时指出：“没有一流的技工，就没有一流的产品”、“技能型人才在推进自主创新方面具有不可替代的重要作用”。技工院校是系统培养技能人才的重要基地。多年来，技工院校始终紧紧围绕国家经济发展和劳动者就业，以满足经济发展和企业对技术工人的需求为办学宗旨，形成了鲜明的办学特色，为国家培养了大批生产一线技能劳动者和后备高技能人才。

当前，我国处于全面建设小康社会的关键时期，随着加快转变经济发展方式、推进经济结构调整以及大力发展高端制造产业等新兴战略性产业，迫切需要加快培养一大批具有精湛技能和高超技艺的技能人才。为了遵循技能人才成长规律，切实提高培养质量，进一步发挥技工院校在技能人才培养中的基础作用，从 2009 年开始，我部借鉴国内外职业教育先进经验，在全国 17 个省（区、市）的 30 所技工院校启动了一体化课程教学改革试点工作，推进以职业活动为导向，以校企合作为基础，以综合职业能力培养为核心，理论教学与技能操作融合贯通的一体化课程教学改革。这项改革试点将传统的以学历为基础的职业教育转变为以职业技能为基础的职业能力教育，促进了职业教育从知识教育向能力培养转变，努力实现“教、学、做”融为一体，收到了积极成效。改革试点得到了学校师生的充分认可，普遍反映一体化课程教学改革是技工院校一次“教学革命”，学生的学习热情、教学组织形式、教学手段和学生的综合素质都发生了根本性变化。试点的成果表明，一体化课程教学改革是转变技能人才培养模式的重要抓手，是推动技工院校改革发展的重要举措，也是人力资源社会保障部门加强技工教育和在职业培训工作的一个重点项目。

教学改革的成果最终要以教材为载体进行体现和传播。根据我部推进一体化课程教学改革的要求，一体化课程改革专家、几百位试点院校的骨干教师以及中国人力资源和社会保障出版集团的编辑团队，用了三年多的时间，组织实施了一体化课程教学改革试点，并将试点中形成的课程成果进行了整理、提炼，汇编成“活页”教材。这套教材不仅在形式上打破了传统教材的编写模式，而且在内容上突破了传统教材的结构体例，在国内职业教育培训教材领域中均属首创。这套教材及配套资料的出版，不仅是本次一体化课程教学改革试点工作的阶段性总结，也是一体化课程教学改革不断深化和全面推广的一个起点。希望全国技工院校将一体化课程教学改革作为创新人才培养模式、提高人才培养质量的重要抓手，进一步推动教学改革，促进内涵发展，提升办学质量，为加快培养合格的技能人才作出新的更大贡献！

人力资源和社会保障部副部长

王晓初

二〇一二年八月

活页式教材使用说明

◆ 页码编排方式

为了更加方便地在教材中增删和替换内容，页码采用“学习任务编号－学习活动编号－页码号”三级编排形式，如“3–2–4”表示“学习任务三”的“学习活动 2”的第 4 页。

◆ 过程评价表使用方法

教材中设计了“自评表”、“互评表”、“教师总评表”、“综合评价表”等评价表格，表头上有“班级”、“姓名”、“学号”等信息栏，从活页教材中取出评价表填写后可以单独提交。

◆ 教材内容更新方法

中国人力资源和社会保障出版集团将根据一体化课程教学改革的推进以及科学技术的发展和不同地域的需要，不断补充和更新教材中的学习任务和学习活动，学校可以从“技工院校一体化教学资源网（http：//yth.cott.org.cn）”下载（需在网站注册）。通过网站还可以了解到更多的一体化课程教学改革信息和下载相关资源。

◆ 便携式活页夹和 PVC 保护板使用方法

使用教材中附赠的便携式活页夹，可以灵活方便地将教材中部分内容携带至一体化教学场地。教材内附的整张 PVC 保护板可以作为学习记录垫板使用。

◆ 参考用书选用方法

在学习过程中，学生需要查阅大量参考资料，下表为中国人力资源和社会保障出版集团出版的适宜本专业一体化教学使用的参考书目录。

机床切削加工 / 数控加工专业一体化教学
参考书目录（中级阶段）

序号	书号	书名
1	978-7-5045-9709-0	机械制图（少学时）（双色印刷）
2	978-7-5045-9690-1	机械基础（少学时）（双色印刷）
3	978-7-5045-9677-2	金属材料与热处理（少学时）（双色印刷）
4	978-7-5045-9717-5	极限配合与技术测量基础（少学时）（双色印刷）
5	978-7-5045-9689-5	机械制造工艺基础（少学时）（双色印刷）
6	978-7-5045-9713-7	工程力学（少学时）（双色印刷）
7	978-7-5045-9668-0	电工学（少学时）（双色印刷）
8	978-7-5045-8689-6	车工工艺与技能　学生用书II　基础知识
9	978-7-5045-9159-3	铣工工艺与技能　学生用书II　基础知识
10	978-7-5045-9128-9	数控加工工艺学（第三版）
11	978-7-5045-9097-8	数控机床编程与操作（第三版　数控车床分册）
12	978-7-5045-9112-8	数控机床编程与操作（第三版　数控铣床　加工中心分册）

目　　录

学习任务一　车 削 顶 尖

学习目标

1．能独立阅读生产任务单，明确工时、加工数量等要求，说出所加工零件的用途、功能和分类。

2．能根据顶尖图样和加工要求，查阅相关资料计算图样中的未知尺寸，明确加工技术要求，编制加工工艺，制定加工工步。

3．能根据顶尖图样要求和现场条件，查阅相关资料，确定符合加工技术要求的工、量、夹具及辅件、切削液。

4．能根据顶尖的结构特征，合理选用车床夹具，装夹工件并找正。

5．能规范装夹刀具，确保刀具设备安全，并根据加工要求，运用适当对刀方法，正确对刀。

6．能严格按照操作规程操作车床，按工步车削工件，正确完成车前顶尖和对中、小滑板间隙调整。

7．能对顶尖零件进行检查与质量分析，并规范填写顶尖零件几何误差测量报告。

8．能按车间管理和产品工艺流程的要求，正确放置顶尖零件并进行质量检验和确认。

9．能按产品工艺流程和车间要求，进行产品交接并规范填写交接班记录表。

10．能按国家环保相关规定和车间要求，正确处置废油液等废弃物。

11．能主动获取有效信息，展示工作成果，对学习与工作进行反思总结，并能与他人开展良好合作，进行有效的沟通。

20 学时。

工作情境描述

某企业定制一批顶尖，数量为30件，生产主管部门将生产任务交给我车间，交货期7天，来料加工。现车间安排我车工组完成此车削任务。

工作流程与活动

1. 顶尖的工艺分析（4学时）
2. 顶尖的加工（12学时）
3. 顶尖的测量及误差分析（2学时）
4. 工作总结与评价（2学时）

学习活动1 顶尖的工艺分析

学习目标

1. 能阅读生产任务单，明确加工工时和加工数量。

2. 能通过查阅资料，正确表述顶尖的用途、分类。

3. 能表述圆锥的分类，正确计算圆锥的参数。

4. 能表述莫氏圆锥的工作原理和种类，并能对莫氏锥度和角度进行正确标注。

5. 能根据图样，正确表述顶尖的几何公差的含义。

6. 能通过查阅资料，了解车削莫氏圆锥角度和小滑板转动角度。

7. 能根据图样，合理选择工具和量具，会使用万能角度尺和莫氏锥套。

8. 能根据图样和加工要求，正确选择加工刀具，并正确填写顶尖加工工艺卡片。

9. 能按机械制图标准绘制顶尖零件图样。

10. 能按要求正确规范地完成本次学习活动工作页的填写。

建议学时：4 学时。

学习过程

一、领取生产任务单，明确加工任务

生产任务单

<table>
<tr><td colspan="2">需方单位名称</td><td colspan="2">×××企业</td><td>完成日期</td><td colspan="2">年　月　日</td></tr>
<tr><td>序号</td><td>产品名称</td><td>材料</td><td>数量</td><td colspan="3">技术标准、质量要求</td></tr>
<tr><td>1</td><td>顶尖</td><td>45 钢</td><td>30 件</td><td colspan="3">按图样要求</td></tr>
<tr><td>2</td><td></td><td></td><td></td><td colspan="3"></td></tr>
<tr><td>3</td><td></td><td></td><td></td><td colspan="3"></td></tr>
<tr><td>4</td><td></td><td></td><td></td><td colspan="3"></td></tr>
<tr><td colspan="2">生产批准时间</td><td>年 月 日</td><td>批准人</td><td></td><td></td><td></td></tr>
<tr><td colspan="2">通知任务时间</td><td>年 月 日</td><td>发单人</td><td></td><td></td><td></td></tr>
<tr><td colspan="2">接单时间</td><td>年 月 日</td><td>接单人</td><td></td><td>生产班组</td><td>车工组</td></tr>
</table>

1. 本生产任务需要加工的零件名称为：________；材料：________；加工数量：________。

2. 本生产任务加工周期为 7 天，试问你准备如何分配任务完成零件的加工？

3. 想一想，在生产生活中哪些场合能见到顶尖？顶尖有什么用途？

4．常用顶尖有回转式顶尖和固定式顶尖两种，查阅资料并结合下图回答问题。

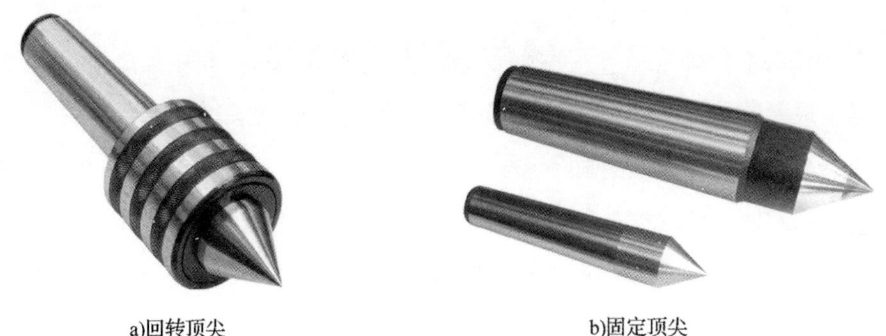
a)回转顶尖　　b)固定顶尖

（1）顶尖的用处是在一些需要精确重复定位时，作为________基准，提高装夹刚度，减少在加工过程中的________，或者用来安装心轴，检测机床精度。

（2）回转顶尖装有轴承，定位精度略________，但旋转时不容易发热。

（3）固定顶尖是一个整体，但定位精度高，顶尖部分由于旋转摩擦易产生________。

（4）想一想，本任务加工的顶尖类型为________。

二、识读零件图

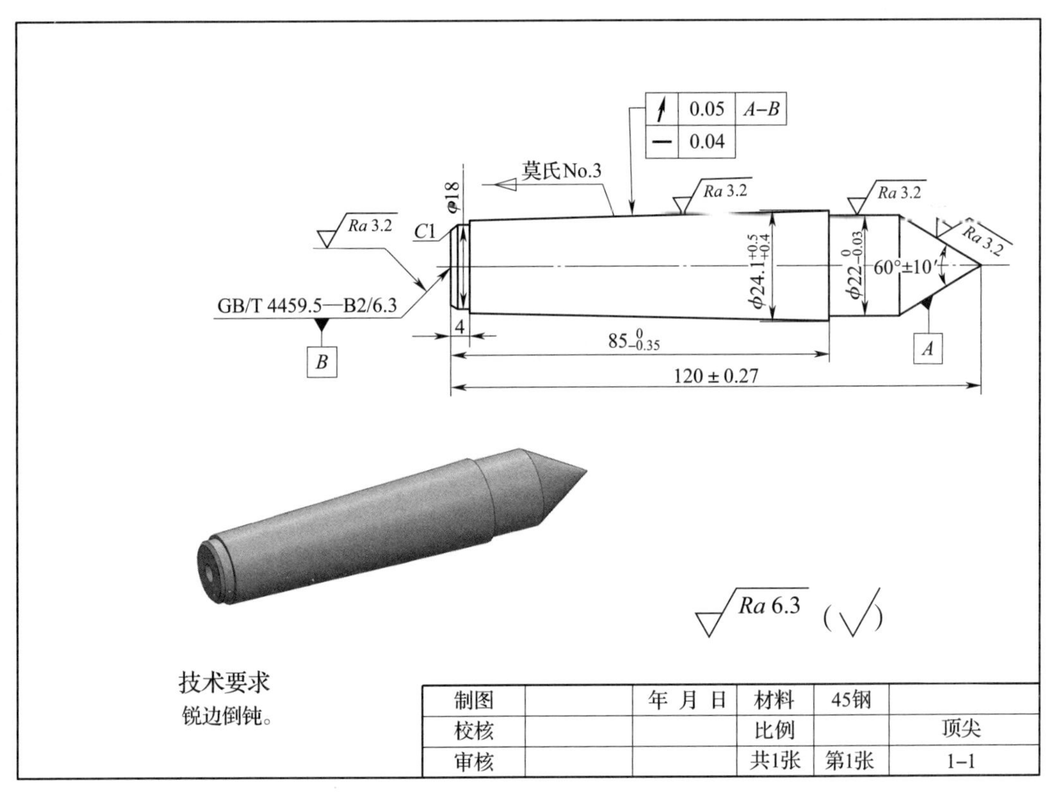

根据顶尖图样，查阅相关资料完成下面内容。

（1）莫氏 No. 3 表示的意思是____________________。

（2）常用的标准圆锥有________圆锥和________圆锥两种，其中，莫氏圆锥最小的是________号，最大的是________号。

（3）莫氏锥度是一个锥度的国际标准，用于________配合以精确定位。由于锥度很小，利用________的原理，可以传递一定的扭矩，又因为是锥度配合，所以可以方便地拆卸。在同一锥度的一定范围内，工件可以自由地拆装，同时在工作时又不会影响到使用效果，如下图所示。

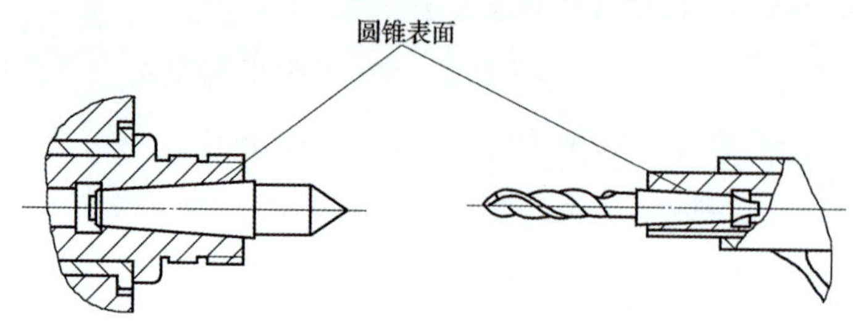

圆锥面零件的配合实例

（4）莫氏锥度有____________________共______个号，锥度值有一定的变化，每一型号公称直径大端分别为______，______，______，______，______，______，______。主要用于各种工具（莫氏锥套）、刀具（钻头、铣刀）刀杆及机床主轴孔。

（5）标出以下圆锥参数：

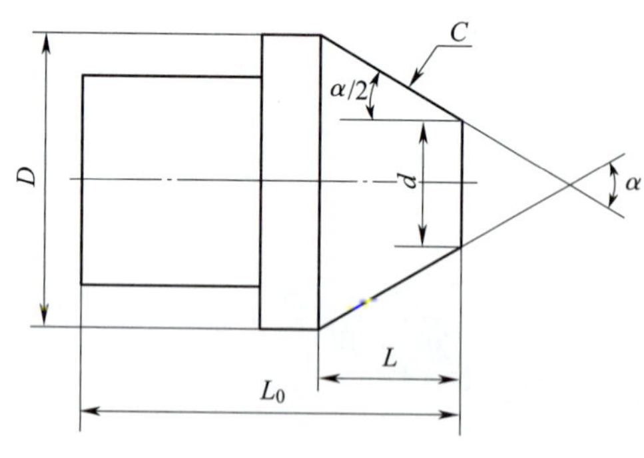

D 表示________，d 表示________，L 表示________；

L_0 表示________，α 表示________，$\alpha/2$ 表示________；

C 表示锥度，其计算公式是____________，$\tan\alpha/2=$________。

（6）圆锥的大端直径为________，根据题（5）的关系式计算出圆锥的小端直径为________。

（7）圆锥的标注要求在圆锥的________上引出一条________线，该线________于圆锥素线，圆锥符号小端应对应圆锥的________。

（8）几何公差 [↗ | 0.05 | A–B] 表示________________________________，[— | 0.04] 表示________________________________。

（9）加工圆锥的方法有转动小滑板法、偏移尾座法、仿形法等，查阅资料，根据图样的圆锥，你认为选择________的加工方法较恰当。

（10）圆锥的检测主要是指圆锥角度和尺寸精度检测。常用万能角度尺、角度样板检测圆锥角度和采用正弦规或涂色法来评定圆锥精度。根据图样的圆锥，你认为选择________和________的检验方法较恰当。

（11）查阅相关资料，填写下表。

莫氏圆锥	锥度比	小滑板应转动的角度
0	1∶19.212	
1		1°25′43″
2		
3		
4		
5		
6		

三、选择加工本任务顶尖零件所需的工、量、刃具

1. 根据图样加工要求，选择本任务所需的工、量具，并填写下面工量具清单。

工量具清单

序号	工具量具名称	规格	数量	需领用

根据领取的量具，找到新的量具并查询量具的使用说明书，完成下列问题：

（1）观察下图并查阅资料，万能角度尺主要由________________________________组成，测量范围是____________________。

（2）万能角度尺的读数机构是根据________原理制成的。主尺刻线每格为________。游标的刻线是取主尺的29°等分为________格，副尺刻线每格为________。因此，万能角度尺主尺1格与副尺1格间的差值为________。

（3）测量时，基尺测量基准面应通过________、直尺与零件圆锥面吻合，透光检查。读数时，应锁紧螺钉，然后离开工件，以免角度值变动，如下图所示。

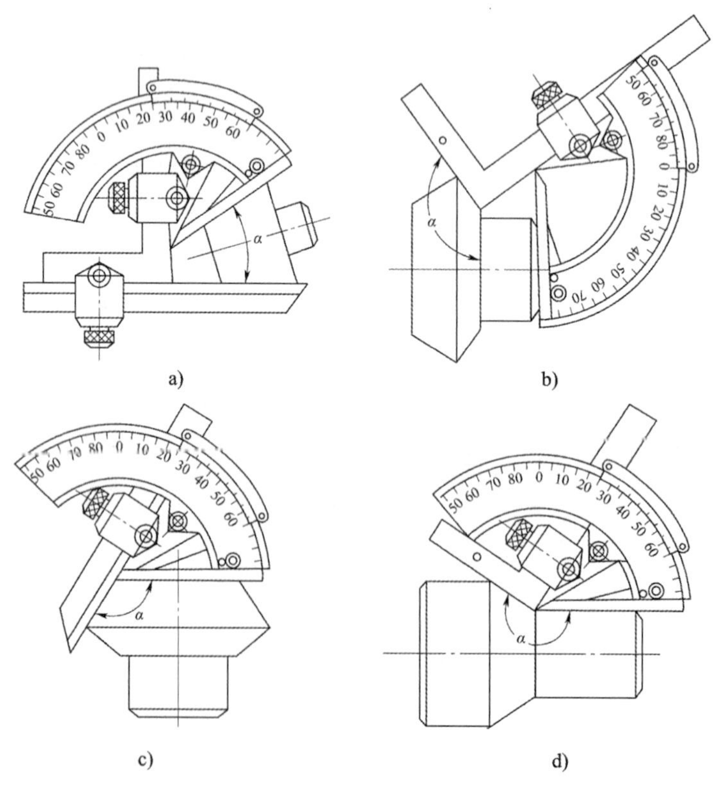

使用万能角度尺检测

（4）标准圆锥或配合精度要求较高的外圆锥工件，可使用__________检测（图 a）。用圆锥套规测量外圆锥时，先在工件表面上顺着锥体母线用显示剂均匀地涂上三条线（相隔约 120°），然后把________轻轻地套在工件上，稍加轴向推力，并将套规转动半圈（图 b）。最后取下套规，观察工件表面显示剂擦去情况。如果三条显示剂全长擦痕均匀，说明圆锥接触情况良好，锥度________（图 c）。假如小端擦着，大端没擦去，说明圆锥角________了。反之，就说明圆锥角________了。

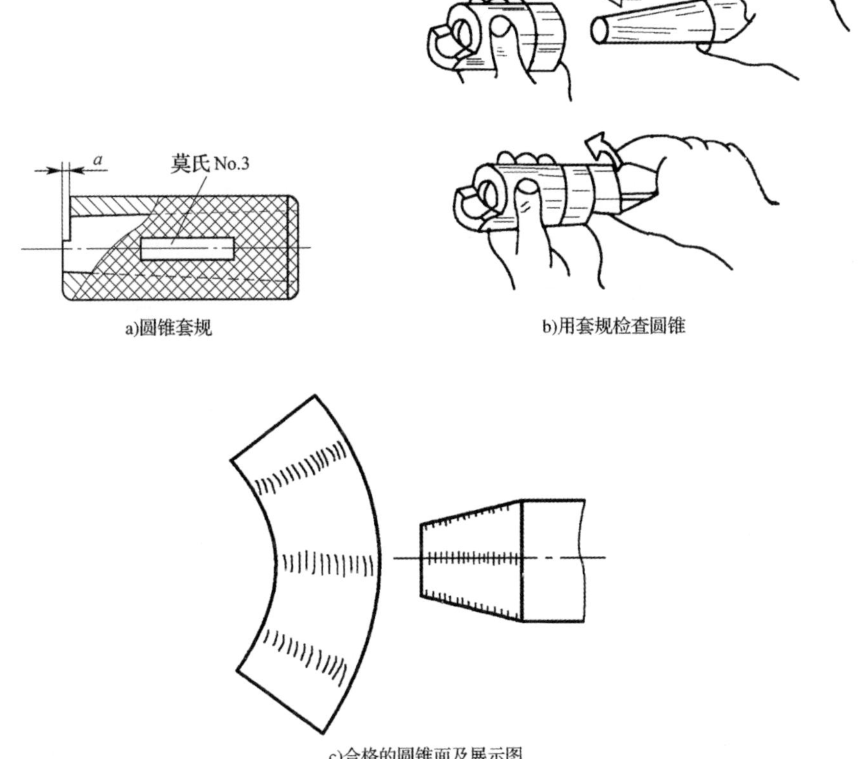

a)圆锥套规　　b)用套规检查圆锥

c)合格的圆锥面及展示图

2．列出加工该顶尖零件所需刃具的名称和规格。

项目	名称	规格
刃具		

四、填写工艺卡

顶尖加工工艺卡

（单位名称）		工艺卡	产品名称		图号		
			零件名称		数量		第　页
材料种类		材料成分		毛坯尺寸			共　页

工序号	工序内容	车间	设备	工具			计划工时	实际工时
				夹具	量具	刃具		

更改号		拟定	校正	审核	批准
更改者					
日　期					

五、在以下位置按 1:1 比例抄绘顶尖零件图

学习活动2　顶尖的加工

学习目标

1. 能根据加工要求正确计算出小滑板的转动角度，并能在教师指导下正确调整小滑板间隙。

2. 能根据加工要求，正确装夹工件和安装刀具。

3. 能根据角度要求，正确转动小滑板。

4. 能正确填写顶尖加工工序卡。

5. 能正确填写领料单，并能合理准备材料。

6. 能根据加工工序卡，安全规范车削顶尖，并能在线检测，记录处理出现的问题。

7. 能按车间管理和产品工艺流程的要求，正确放置顶尖零件并进行质量检验和确认。

8. 能按产品工艺流程和车间要求，进行产品交接并规范填写交接班记录表。

9. 能按车间规定，整理现场，保养机床，填写保养记录卡。

10. 能按国家环保相关规定和车间要求，正确处置废油液等废弃物。

11. 能按要求正确规范地完成本次学习活动工作页的填写。

建议学时：12 学时。

学习过程

一、加工步骤

在下表中根据图例及车削步骤，填写完整下面顶尖车削内容。

车削步骤	车削内容	图例及说明
根据图样计算	1. 确定小滑板的转动角度，根据工件图样选择相应的公式计算出$\frac{\alpha}{2}$，即是小滑板应转动的角度 2. 当$\frac{\alpha}{2}<6°$时，可用下列近似公式来计算，即：$\frac{\alpha}{2}\approx$________	$\tan\frac{\alpha}{2}=\frac{c}{2}=\frac{D-d}{2L}$ 式中 $\frac{\alpha}{2}$—圆锥半角； c—锥度； D—圆锥大端直径，mm； d—圆锥小端直径，mm； L—最大圆锥直径与最小圆锥直径之间的轴向距离，mm
调整小滑板间隙	车削锥度前，应调整好小滑板导轨与镶条间的________。如调得过紧，手动进给时费力，刀具移动不均匀；调得过松，造成小滑板间隙太大，两者均会使车出的圆锥面表面粗糙度较差且母线________	
装夹工件	用________装夹并找正工件，工件伸出卡盘爪端面 50 mm 左右	
装夹工件	装夹工件时，工件的旋转中心必须与主轴旋转中心________，找正后夹紧工件	

续表

车削步骤	车削内容	图例及说明
安装车刀	车刀的刀尖必须严格对准工件的________，否则车出的圆锥素线不是直线，而是________	
粗车削外圆	车削零件________	
	粗车 ϕ22 mm 外圆至 ϕ23 mm × 34. 5mm	
转动小滑板	1. 转动小滑板时，小滑板下面转盘上的两个螺母应________，把转盘转至所需要的________的刻度上，与基准零线________，然后固定转盘上的螺母 2. 车外圆锥面（工件大端靠近卡盘，小端靠近尾座方向）时，小滑板应______时针方向转动一个圆锥半角 $\frac{\alpha}{2}$，反之则应______时针方向转动一个圆锥半角 $\frac{\alpha}{2}$	

续表

车削步骤	车削内容	图例及说明
车削 60°圆锥和 $\phi 22_{-0.03}^{0}$ mm × 35 mm	1. 用双手配合均匀不间断地转动小滑板手柄，手动进给分层车削顶尖的圆锥面，再将转盘上的螺母松开，将小滑板恢复到原始________再紧固 2. 因受小滑板行程的限制，只能加工________不长的工件 3. 转动__________车削 60°圆锥面，检测 60°圆锥角，并精车 $\phi 22_{-0.03}^{0}$ mm × 35 mm 至尺寸，保证表面粗糙度________	 
取总长	调头装夹，车削端面，控制总长至 120 ± 0.27 mm，钻削_______，卸下零件检查	
车削前顶尖	装夹余料自制________，车削端面，钻中心孔	
车削莫氏 No. 3 圆锥面	1. 采用______装夹方法，将 $\phi 22_{-0.03}^{0}$ mm × 35 mm 外圆加上铜片并装入______内，将零件 60°圆锥面顶入反顶尖孔内，零件端面中心孔由______支顶	

续表

车削步骤	车削内容	图例及说明
车削莫氏 No. 3 圆锥面	2. 车削莫氏 No. 3 圆锥面时，工件的圆锥角应为______，其锥度比值是______ 3. 一般车床小滑板无自动走刀，所以用小滑板车削锥体时，只能用______进给，劳动强度大，工件______较难控制	
	4. 粗车外圆至 $\phi25$ mm × 85 mm，将小滑板转动________	
	5. 精车莫氏 No. 3 圆锥面，保证表面粗糙度 $Ra3.2$ μm。锥面采用______法检验零件配合精度	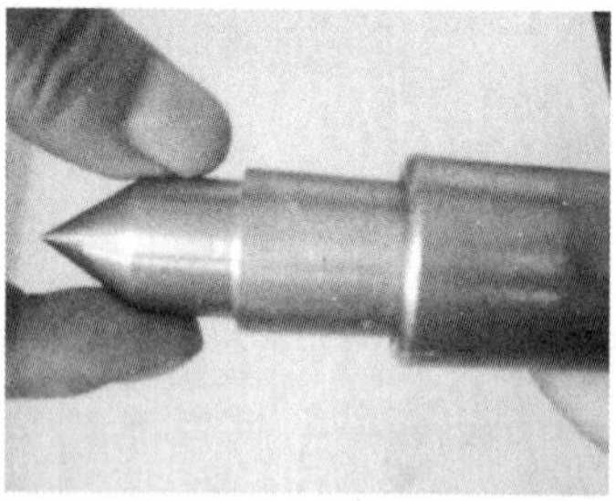
	6. 粗、精车 $\phi18\times4$ mm 外圆至尺寸要求，倒角______，卸下零件进行检验	

二、填写工序卡片

顶尖加工工序卡	产品型号		零件图号						
	产品名称		零件名称		共		页	第	页
		车间	工序号	工序名称	材料牌号				
		毛坯种类	毛坯外形尺寸	每毛坯可制件数	每台件数				

续表

<table>
<tr><td rowspan="6"></td><td>设备名称</td><td>设备型号</td><td colspan="2">设备编号</td><td colspan="4">同时加工件数</td></tr>
<tr><td></td><td></td><td colspan="2"></td><td colspan="4"></td></tr>
<tr><td colspan="2">夹具编号</td><td colspan="2">夹具名称</td><td colspan="4">切削液</td></tr>
<tr><td colspan="2"></td><td colspan="2"></td><td colspan="4"></td></tr>
<tr><td colspan="2" rowspan="2">工位器具编号</td><td colspan="2" rowspan="2">工位器具名称</td><td colspan="4">工序工时（分）</td></tr>
<tr><td>准终</td><td colspan="3">单件</td></tr>
<tr><td></td><td colspan="2"></td><td colspan="2"></td><td></td><td colspan="3"></td></tr>
<tr><td rowspan="2">工步号</td><td rowspan="2">工步
内容</td><td rowspan="2">工艺
装备</td><td rowspan="2">主轴转速
r/min</td><td rowspan="2">切削速度
m/min</td><td rowspan="2">进给量
mm/r</td><td rowspan="2">背吃刀量
mm</td><td rowspan="2">进给次数</td><td colspan="2">工步工时</td></tr>
<tr><td>机动</td><td>辅助</td></tr>
<tr><td></td><td></td><td></td><td></td><td></td><td></td><td></td><td></td><td></td><td></td></tr>
<tr><td></td><td></td><td></td><td></td><td></td><td></td><td></td><td></td><td></td><td></td></tr>
<tr><td></td><td></td><td></td><td></td><td></td><td></td><td></td><td></td><td></td><td></td></tr>
<tr><td></td><td></td><td></td><td></td><td></td><td></td><td></td><td></td><td></td><td></td></tr>
<tr><td></td><td></td><td></td><td></td><td></td><td></td><td></td><td></td><td></td><td></td></tr>
<tr><td></td><td></td><td></td><td></td><td></td><td></td><td></td><td></td><td></td><td></td></tr>
<tr><td></td><td></td><td></td><td></td><td></td><td></td><td></td><td></td><td></td><td></td></tr>
</table>

<table>
<tr><td rowspan="2"></td><td>设计
（日 期）</td><td>校对
（日期）</td><td>审核
（日期）</td><td>标准化
（日期）</td><td>会签
（日期）</td></tr>
<tr><td></td><td></td><td></td><td></td><td></td></tr>
</table>

三、填写领料单

领料单

填表日期：　　年　　月　　日　　　　　　　　发料日期：　　年　　月　　日

<table>
<tr><td>领料部门</td><td></td><td>产品名称及数量</td><td colspan="4"></td></tr>
<tr><td>领料单号</td><td></td><td>零件名称及数量</td><td colspan="4"></td></tr>
<tr><td rowspan="2">材料名称</td><td rowspan="2">材料规格及型号</td><td rowspan="2">单位</td><td colspan="2">数量</td><td rowspan="2">单价</td><td rowspan="2">总价</td></tr>
<tr><td>请领</td><td>实发</td></tr>
<tr><td></td><td></td><td></td><td></td><td></td><td></td><td></td></tr>
<tr><td>材料
说明用途</td><td>材料仓库</td><td>主管</td><td>发料
数量</td><td>领料
部门</td><td>主管</td><td>领料
数量</td></tr>
<tr><td></td><td></td><td></td><td></td><td></td><td></td><td></td></tr>
</table>

四、完成顶尖的车削

1. 在机床上完成加工，将加工过程中出现的问题记录下来，并分析问题写出改进措施。

2. 工件加工完毕后，如果产生如下图所示双曲线误差，如何避免产生此误差?

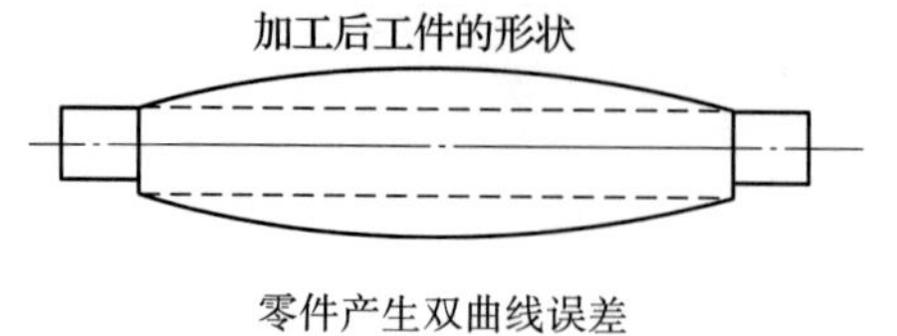

零件产生双曲线误差

3. 加工完毕后，按照图样要求进行自检，正确放置零件，并进行产品交接确认；按照国家环保相关规定和车间要求，整理现场，正确处置废油液等废弃物；按车间规定填写交接班记录（见附表1）。

4. 顶尖加工完成后要对车床进行保养，根据车床保养的实际情况填写设备日常保养记录卡（见附表2）。

学习活动 3　顶尖的测量及误差分析

学习目标

1. 能正确使用量具检验顶尖的尺寸、几何精度等是否符合图样要求，并正确填写顶尖测量表。

2. 能根据顶尖检测结果正确填写顶尖零件几何误差分析表。

3. 能针对顶尖加工误差，分析造成误差产生的因素和防止方法。

4. 能按要求正确规范地完成本次学习活动工作页的填写。

建议学时：2 学时。

学习过程

一、对工件进行检测，并将检测结果填写在检测结果表中

1. 结合顶尖的测量过程，完成下表的内容。

检验步骤	检验内容	图例及说明
尺寸精度检验	1. 检验尺寸 $85_{-0.35}^{0}$ mm 选用________量程的游标卡尺	

续表

检验步骤	检验内容	图例及说明
尺寸精度检验	2. 测量 $\phi22_{-0.03}^{0}$ mm 应选用规格为________，精度为0.01 mm 的________进行测量 3. 圆锥锥度一般可采用________检验，配合精度要求较高的可采用________的方法检验圆锥配合间隙	 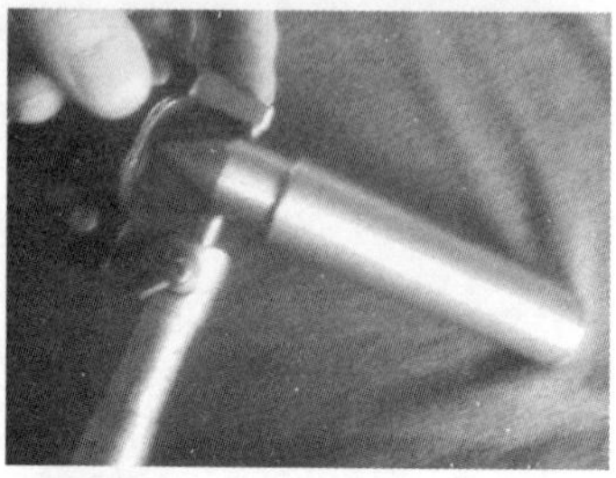 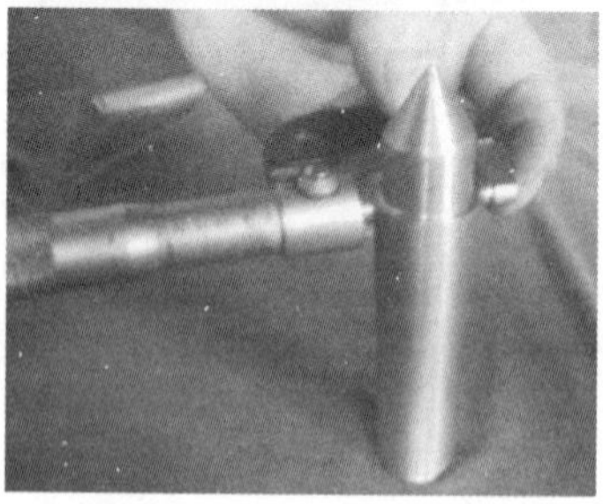
几何精度检验	图样中的两项几何精度要求可采用________（检测仪器）来进行测量	
表面粗糙度检验	图样中 *Ra*3.2 μm 的含义是________________ ________________________________	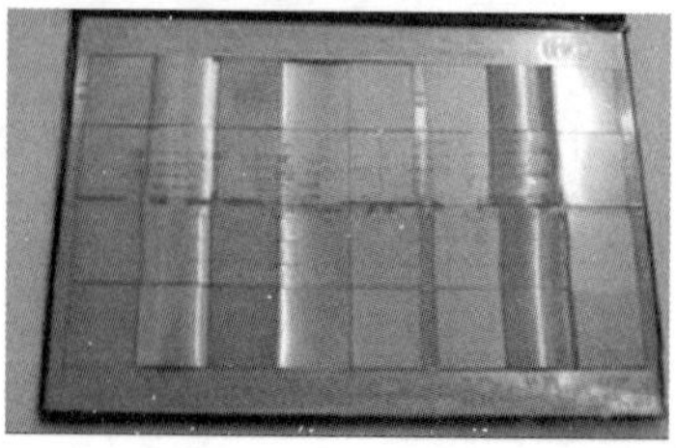

2. 填写顶尖零件测量结果表。

序号	考核项目	考核内容及要求	配分 IT　Ra	评分标准	检验结果 IT　Ra	得分
1	莫氏锥度	莫氏 No. 3　*Ra*3. 2 μm	20　5	与工具圆锥检验套配合检验，接触面积不小于 70%，每小于该标准 5% 扣 5 分		
2	外圆	$\phi 24.1^{+0.5}_{+0.4}$ mm	5	每超差 0. 02 扣 1 分		
3		$\phi 22^{\ 0}_{-0.03}$ mm　*Ra*3. 2 μm	8　3	每超差 0. 01 扣 1 分		
4		$\phi 18$ mm	2	按 IT14 超差扣分		
5	长度	$85^{\ 0}_{-0.35}$ mm	4	每超差 0. 05 扣 1 分		
6		120 ±0. 27 mm	4	每超差 0. 03 扣 1 分		
7	锥度	60° ±10′　*Ra*3. 2μm	10　3	每超差 2′扣 1 分		
8	几何公差	↗ | 0.05 | *A–B*	3	每超差 0. 01 扣 2 分		
9		— | 0.04	3	每超差 0. 01 扣 1 分		
10	其他	B 型中心孔	2	扁孔、毛刺等无分		
11		*Ra*6. 3 μm　3 处	2 ×3	降级酌情扣分		
12	倒角	*C*1	2	超差不得分		
13	工具、设备的使用与维护	正确、规范使用工、量、刃具，合理保养及维护工、量、刃具	10	不符合要求扣 1 ~8 分		
		正确、规范使用设备，合理保护及维护设备		不符合要求扣 1 ~8 分		
		操作姿势、动作正确		不符合要求扣 1 ~8 分		
14	安全与其他	安全文明生产，按国家颁布的有关法规或企业自定的有关规定	10	一项不符合要求扣 2 分，发生较大事故者取消考试资格		
		操作、工艺规范正确		一处不符合扣 2 分		
		工件各表面无缺陷		不符合要求扣 1 ~8 分		
总分：						

注：时间定额为 360 min；超过 10 min 扣 10 分；超过 30 min 不合格。

二、顶尖同轴度的测量和分析

顶尖零件几何误差分析表

测量内容	顶尖跳动量	零件名称	
测量工具 和仪器		测量人员	
班　　级		日　　期	

一、测量目的：

二、测量步骤：

三、测量要领：

四、结论（误差分析）：

三、根据检测结果进一步分析车削顶尖时产生废品的原因及预防措施

废品种类	产生原因	预防措施
锥度（角度）不正确		
大小端直径不正确		
双曲线误差		
表面粗糙度 达不到要求		

学习活动4　工作总结与评价

学习目标

1. 能按分组情况，分别派代表展示工作成果，说明本次任务的完成情况，并分析总结。

2. 能结合自身任务完成情况，正确规范撰写工作总结（心得体会）。

3. 能就本次任务中出现的问题提出改进措施。

4. 能对学习与工作进行反思总结，并能与他人开展良好合作，进行有效的沟通。

5. 能按要求正确规范地完成本次学习活动工作页的填写。

建议学时：2学时。

学习过程

一、展示评价

把个人制作好的顶尖零件先进行分组展示，再由小组推荐代表作必要的介绍。在展示的过程中，以组为单位进行评价；评价完成后，根据其他组成员对本组展示成果的评价意见进行归纳总结。完成如下项目：

1. 展示的顶尖零件符合技术标准吗？

合格□　　不良□　　返修□　　报废□

2. 与其他组相比，本小组的顶尖零件工艺你认为：

工艺优化□　　工艺合理□　　工艺一般□

3. 本小组介绍成果表达是否清晰?

很好□ 一般，常补充□ 不清晰□

4. 本小组演示顶尖零件检测方法操作正确吗?

正确□ 部分正确□ 不正确□

5. 本小组演示操作时遵循了“5S”的工作要求吗?

符合工作要求□ 忽略了部分要求□ 完全没有遵循□

6. 本小组的成员团队创新精神如何?

良好□ 一般□ 不足□

二、自评总结（心得体会）

三、教师对展示的作品分别作评价

1. 找出各组的优点点评。
2. 对任务完成过程中各组的缺点进行点评，提出改进方法。
3. 对整个任务完成中出现的亮点和不足进行点评。

评价与分析

任务评价表

班级______________学生姓名______________学号______________

<table>
<tr><th rowspan="3">项目</th><th colspan="3">自我评价</th><th colspan="3">小组评价</th><th colspan="3">教师评价</th></tr>
<tr><th>10 ~ 9</th><th>8 ~ 6</th><th>5 ~ 1</th><th>10 ~ 9</th><th>8 ~ 6</th><th>5 ~ 1</th><th>10 ~ 9</th><th>8 ~ 6</th><th>5 ~ 1</th></tr>
<tr><th colspan="3">占总评 10%</th><th colspan="3">占总评 30%</th><th colspan="3">占总评 60%</th></tr>
<tr><td>学习活动 1</td><td></td><td></td><td></td><td></td><td></td><td></td><td></td><td></td><td></td></tr>
<tr><td>学习活动 2</td><td></td><td></td><td></td><td></td><td></td><td></td><td></td><td></td><td></td></tr>
<tr><td>学习活动 3</td><td></td><td></td><td></td><td></td><td></td><td></td><td></td><td></td><td></td></tr>
<tr><td>学习活动 4</td><td></td><td></td><td></td><td></td><td></td><td></td><td></td><td></td><td></td></tr>
<tr><td>表达能力</td><td></td><td></td><td></td><td></td><td></td><td></td><td></td><td></td><td></td></tr>
<tr><td>协作精神</td><td></td><td></td><td></td><td></td><td></td><td></td><td></td><td></td><td></td></tr>
<tr><td>纪律观念</td><td></td><td></td><td></td><td></td><td></td><td></td><td></td><td></td><td></td></tr>
<tr><td>工作态度</td><td></td><td></td><td></td><td></td><td></td><td></td><td></td><td></td><td></td></tr>
<tr><td>任务总体表现</td><td></td><td></td><td></td><td></td><td></td><td></td><td></td><td></td><td></td></tr>
<tr><td>小计分</td><td colspan="3"></td><td colspan="3"></td><td colspan="3"></td></tr>
<tr><td>总评分</td><td colspan="9"></td></tr>
</table>

任课教师：　　　　　　　　年　　月　　日

学习任务二　车削锥套

学习目标

1. 能独立阅读生产任务单，明确产品名称、加工数量等要求。

2. 能查阅常用锥套的用途、功能，并能正确识读锥套零件图。

3. 能根据锥套零件图样，合理选择工、量、刃具。

4. 能正确编写锥套工艺卡，绘制锥套零件图。

5. 能按要求正确规范地填写锥套加工工序卡片。

6. 能正确领取锥套零件材料及工、量、夹、刃具。

7. 能按照要求完成锥套零件的加工。

8. 能准确规范地测量锥套零件的形状和位置误差。

9. 能规范填写锥套几何误差测量报告。

10. 能按车间管理和产品工艺流程的要求，正确放置锥套零件并进行质量检验和确认。

11. 能按产品工艺流程和车间要求，进行产品交接并规范填写交接班记录表。

12. 能按国家环保相关规定和车间要求，正确处置废油液等废弃物。

13. 能主动获取有效信息，展示工作成果，对学习与工作进行反思总结，并能与他人开展良好合作，进行有效的沟通。

建议学时

50 学时。

工作情境描述

某企业定制一批锥套，数量为 30 件，生产主管部门将生产任务交给我车间，交货期 10

天，来料加工。现车间安排我车工组完成此加工任务。

工作流程与活动

1. 锥套的工艺分析（10 学时）
2. 锥套的加工（28 学时）
3. 锥套的测量及误差分析（6 学时）
4. 工作总结与评价（6 学时）

学习活动 1　锥套的工艺分析

学习目标

1. 能独立阅读生产任务单，明确产品名称、加工数量等要求。

2. 能查阅常用锥套的用途、功能。

3. 能正确识读锥套零件图。

4. 能根据锥套零件图样，合理选择工、量、刃具。

5. 能正确编写锥套工艺卡。

6. 能正确绘制锥套零件图。

7. 能主动获取有效信息，并能与他人良好合作，进行有效的沟通。

8. 能按要求正确规范地完成本次学习活动工作页的填写。

建议学时：10 学时。

学习过程

一、领取生产任务单，明确加工任务

生产任务单

需方单位名称		某企业		完成日期	年　月　日
序号	产品名称	材料	数量	技术标准、质量要求	
1	锥套	45 钢	30 件	按图样要求	
2					

续表

<table>
<tr><td colspan="2">需方单位名称</td><td colspan="2">某企业</td><td>完成日期</td><td colspan="2">年　月　日</td></tr>
<tr><td>序号</td><td>产品名称</td><td>材料</td><td>数量</td><td colspan="3">技术标准、质量要求</td></tr>
<tr><td>3</td><td></td><td></td><td></td><td colspan="3"></td></tr>
<tr><td>4</td><td></td><td></td><td></td><td colspan="3"></td></tr>
<tr><td colspan="2">生产批准时间</td><td>年 月 日</td><td>批准人</td><td></td><td></td><td></td></tr>
<tr><td colspan="2">通知任务时间</td><td>年 月 日</td><td>发单人</td><td></td><td></td><td></td></tr>
<tr><td colspan="2">接单时间</td><td>年 月 日</td><td>接单人</td><td></td><td>生产班组</td><td>车工组</td></tr>
</table>

1．本生产任务需要加工的零件名称为：________________；材料：________________；加工数量：________________。

2．本生产任务加工周期为 10 天，试问你们小组准备如何分配任务完成零件的加工？

二、识读零件图

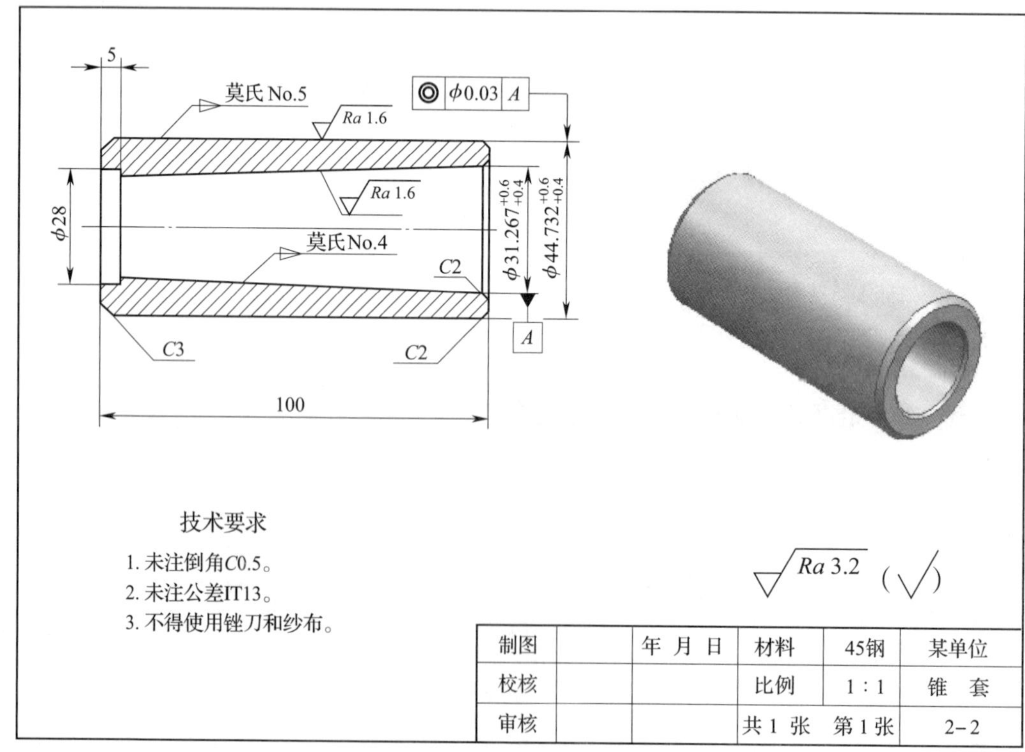

1. 锥套零件图中哪些尺寸具有公差要求？请列举。

2. 锥套零件图中对各表面的表面粗糙度有什么要求？哪些表面的表面粗糙度要求较高？

3. 解释锥套零件图中几何公差的具体含义。

◎	ϕ0.03	A

4. 该零件图采用了怎样的表达方法？目的是什么？

三、选择加工本任务锥套零件所需的工、量、刃具

1. 写出加工本任务锥套零件所需工具的名称及其规格。

项目	名称	规格
工具		

2. 写出加工本任务锥套零件所需量具的名称及其规格。

项目	名称	规格
量具		

（1）加工该任务锥套零件用到哪些新的量具？

（2）结合前面学习过的锥度套规说说锥度塞规如何使用。

3. 列出加工该锥套零件所需刀具的名称和规格。

项目	名称	规格
刀具		

三、填写工艺卡

锥套加工工艺卡

(单位名称)		加工 工艺卡	产品名称			图号				
			零件名称			数量				第　页
材料 种类		材料成分		毛坯尺寸						共　页
工序号	工序内容			车间	设备	夹具	量具	刃具	计划 工时	实际 工时
更改号				拟定		校正		审核		批准
更改者										
日　期										

四、在以下位置按 1:1 比例抄绘锥套零件图

学习活动 2　锥套的加工

学习目标

1. 能按要求正确规范地填写锥套加工工序卡片。

2. 能进一步熟练操作 CA6140 型车床，通过机床上的各种手柄和按钮，迅速准确地调整出所需要的转速和进给量。

3. 能正确领取锥套零件材料及工、量、刃具。

4. 能按锥套的图样要求，测量毛坯外形尺寸，判断毛坯是否有足够的加工余量。

5. 能正确装夹工件，并对其进行找正。

6. 能正确规范地装夹麻花钻、扩孔钻以及内孔车刀等刀具。

7. 能正确合理地选择切削用量，并能正确选择本次任务要求的切削液。

8. 能对加工中的锥套进行自检，判断零件是否合格，最终按照要求完成锥套零件的加工。

9. 能在教师的指导下对加工中出现的常见问题，提出解决办法。

10. 能按国家环保相关规定和车间要求，正确处置废油液等废弃物。

11. 能主动获取有效信息，并能与他人开展良好合作，进行有效的沟通。

12. 能按要求正确规范地完成本次学习活动工作页的填写。

建议学时：28 学时。

学习过程

一、制定加工步骤

在下表中根据图例及车削步骤，填写完整下面锥套车削内容。

车削步骤	车削内容	图例
安装车刀	车刀的刀尖必须严格对准工件的______，否则车出的圆锥素线不是直线，而是____________	
装夹工件	装夹工件，工件的旋转中心必须与主轴旋转中心____________，找正后夹紧工件	
车端面	工件外伸尺寸如何确定 ______________________________ ______________________________ ______________________________ ______________________________	
计算并钻孔	计算锥孔小端直径，选择麻花钻 锥孔小端直径：________________ ______________________________ 麻花钻的选择：________________ ______________________________	

续表

车削步骤	车削内容	图例
计算	1. 确定小滑板的转动角度，根据工件图样选择相应的公式计算出$\frac{\alpha}{2}$，即是小滑板应转动的角度 2. 当$\frac{\alpha}{2}<6°$时，$\frac{\alpha}{2}\approx$ ______ 3. 莫氏4号内圆锥$\frac{\alpha}{2}=$ ______	$\tan\frac{\alpha}{2}=\frac{c}{2}=\frac{D-d}{2L}$ 式中 $\frac{\alpha}{2}$——圆锥半角； C——锥度； D——圆锥体大端直径，mm； d——圆锥体小端直径，mm； L——最大圆锥直径与最小圆锥直径之间的轴向距离，mm
转动小滑板	车内锥应怎样调整小滑板 ______ ______ ______ ______	
调整小滑板间隙	如何调整小滑板间隙 ______ ______ ______	
车削锥套内圆锥	1. 用双手配合均匀不间断地转动小滑板手柄，手动进给分层车削锥套的圆锥面，再将转盘上的螺母松开，将小滑板恢复到原始____再紧固 2. 因受小滑板行程的限制，只能加工不长的工件	

续表

车削步骤	车削内容	图例
检测内圆锥	涂色法检测应注意什么 ________________ ________________ 内圆锥留磨削余量，如何确定 ________________ ________________	
调外锥角度	如角度不符合图样要求，如何调整，怎样操作 ________________ ________________ ________________ ________________	
偏移尾座车削外锥	你了解偏移尾座车削外锥吗？简要说明 ________________ ________________ ________________ ________________	
检测外锥	试谈谈如何操作 ________________ ________________ ________________ ________________	

续表

车削步骤	车削内容	图例
完成工件	还有其他加工方法吗？比较一下 ____________________ ____________________ ____________________ ____________________	

二、填写工序卡片

<table>
<tr><td rowspan="2">锥套加工工序卡片</td><td>产品型号</td><td></td><td>零件图号</td><td></td><td colspan="6"></td></tr>
<tr><td>产品名称</td><td></td><td>零件名称</td><td></td><td>共</td><td></td><td>页</td><td>第</td><td></td><td>页</td></tr>
</table>

<table>
<tr><td rowspan="11"></td><td>车间</td><td>工序号</td><td>工序名称</td><td colspan="2">材料牌号</td></tr>
<tr><td></td><td></td><td></td><td colspan="2"></td></tr>
<tr><td>毛坯种类</td><td>毛坯外形尺寸</td><td>每毛坯可制件数</td><td colspan="2">每台件数</td></tr>
<tr><td></td><td></td><td></td><td colspan="2"></td></tr>
<tr><td>设备名称</td><td>设备型号</td><td>设备编号</td><td colspan="2">同时加工件数</td></tr>
<tr><td></td><td></td><td></td><td colspan="2"></td></tr>
<tr><td>夹具编号</td><td colspan="2">夹具名称</td><td colspan="2">切削液</td></tr>
<tr><td></td><td colspan="2"></td><td colspan="2"></td></tr>
<tr><td rowspan="2">工位器具编号</td><td colspan="2" rowspan="2">工位器具名称</td><td colspan="2">工序工时（分）</td></tr>
<tr><td>准终</td><td>单件</td></tr>
<tr><td></td><td colspan="2"></td><td></td><td></td></tr>
</table>

<table>
<tr><td rowspan="2">工步号</td><td rowspan="2">工步内容</td><td rowspan="2">工艺装备</td><td rowspan="2">主轴转速 r/min</td><td rowspan="2">切削速度 m/min</td><td rowspan="2">进给量 mm/r</td><td rowspan="2">背吃刀量 mm</td><td rowspan="2">进给次数</td><td colspan="2">工步工时</td></tr>
<tr><td>机动</td><td>辅助</td></tr>
<tr><td></td><td></td><td></td><td></td><td></td><td></td><td></td><td></td><td></td><td></td></tr>
<tr><td></td><td></td><td></td><td></td><td></td><td></td><td></td><td></td><td></td><td></td></tr>
<tr><td></td><td></td><td></td><td></td><td></td><td></td><td></td><td></td><td></td><td></td></tr>
</table>

续表

工步号	工步内容	工艺装备	主轴转速 r/min	切削速度 m/min	进给量 mm/r	背吃刀量 mm	进给次数	工步工时	
								机动	辅助

	设计（日期）	校对（日期）	审核（日期）	标准化（日期）	会签（日期）

三、填写领料单

领料单

填表日期：　年　　月　　日　　　　　　　　　　发料日期：　年　　月　　日

领料部门		产品名称及数量				
领料单号		零件名称及数量				
材料名称	材料规格及型号	单位	数量		单价	总价
			请领	实发		
材料说明用途	材料仓库	主管	发料数量	领料部门	主管	领料数量

四、填写工量刃具清单

工量刃具清单

序号	工量刃具名称	规格	数量	需领用

五、完成锥套的车削

1. 在车床上完成锥套的车削，并将加工过程中出现的问题记录下来。

2. 加工完毕后，按照图样要求进行自检，正确放置零件，并进行产品交接确认；按照国家环保相关规定和车间要求，整理现场，正确处置废油液等废弃物；按车间规定填写交接班记录（见附表1）。

3. 锥套加工完成后要对车床进行保养，根据车床保养的实际情况填写设备日常保养记录卡（见附表2）。

学习活动3 锥套的测量及误差分析

学习目标

1. 能准确规范地测量锥套零件的形状和位置误差。

2. 能根据锥套的测量结果，分析形状和位置误差产生的原因。

3. 能正确规范地使用工、量具，并对其进行合理保养和维护。

4. 能规范地填写锥套零件同轴度误差分析表。

5. 能主动获取有效信息，并能与他人良好合作，进行有效的沟通。

6. 能按要求正确规范地完成本次学习活动工作页的填写。

建议学时：6学时。

学习过程

一、对工件进行检测，并将检测结果填写在检测结果表中

锥套零件测量结果表

序号	考核项目	考核内容及要求	配分 IT	配分 Ra	评分标准	检验结果 IT	检验结果 Ra	得分
1	莫氏锥度	莫氏 No.5 $Ra1.6\ \mu m$	15	5	锥规检测、接触面≥70%。降低10%扣5分			
2		莫氏 No.4 $Ra1.6\ \mu m$	15	5				

续表

序号	考核项目	考核内容及要求	配分 IT Ra	评分标准	检验结果 IT Ra	得分
3	外圆	$\phi 44.732^{+0.6}_{+0.4}$ mm	10	超差不得分		
4	内孔	$\phi 31.267^{+0.6}_{+0.4}$ mm	10	超差不得分		
5		ϕ28 mm	2	超差不得分		
6	长度	100 mm	2	超差不得分		
7		5 mm	2	超差不得分		
8	倒角	*C*2，2 处	4	超差不得分		
9		*C*3	2	超差不得分		
10	几何公差	◎ ϕ0.03 *A*	8	超差不得分		
11	工具、设备的使用与维护	正确、规范使用工、量、刃具，合理保养及维护工、量、刃具	10	不符合要求扣 1～8 分		
		正确、规范使用设备，合理保护及维护设备		不符合要求扣 1～8 分		
		操作姿势、动作正确		不符合要求扣 1～8 分		
12	安全与其他	安全文明生产，按国家颁布的有关法规或企业自定的有关规定	10	一项不符合要求扣 2 分，发生较大事故者取消考试资格		
		操作、工艺规范正确		一处不符合扣 2 分		
		工件各表面无缺陷		不符合要求扣 1～8 分		

注：时间定额为 240 min；超过 10 min 扣 10 分；超过 30 min 不合格。

二、锥套同轴度的测量和分析

锥套零件同轴度误差分析表

测量内容	锥套同轴度	零件名称	
测量工具和仪器		测量人员	
班　　级		日　　期	

一、测量目的：

二、测量步骤：

三、测量要领：

四、结论（误差分析）：

三、根据检测结果进一步分析车削内圆锥时产生废品的原因及预防措施

废品种类	产生原因	预防措施
锥度（角度）不正确		
大小端尺寸不正确		
双曲线误差		
表面粗糙度达不到要求		

学习活动4 工作总结与评价

学习目标

1. 能按分组情况，分别派代表展示工作成果，说明本次任务的完成情况，并分析总结。

2. 能结合自身任务完成情况，正确规范撰写工作总结（心得体会）。

3. 能就本次任务中出现的问题提出改进措施。

4. 能对学习与工作进行反思总结，并能与他人开展良好合作，进行有效的沟通。

5. 能按要求正确规范地完成本次学习活动工作页的填写。

建议学时：6学时。

学习过程

一、展示评价

把个人制作好的锥套先进行分组展示，再由小组推荐代表作必要的介绍。在展示的过程中，以组为单位进行评价；评价完成后，根据其他组成员对本组展示成果的评价意见进行归纳总结。完成如下项目：

1. 展示的锥套符合技术标准吗？

合格□　　不良□　　返修□　　报废□

2. 与其他组相比，本小组的锥套工艺你认为：

工艺优化□　　工艺合理□　　工艺一般□

3. 本小组介绍成果表达是否清晰？

很好□　　　一般，常补充□　　　不清晰□

4. 本小组演示锥套检测方法操作正确吗？

正确□　　　部分正确□　　　不正确□

5. 本小组演示操作时遵循了“5S”的工作要求吗？

符合工作要求□　　　忽略了部分要求□　　　完全没有遵循□

6. 本小组的成员团队创新精神如何？

良好□　　　一般□　　　不足□

二、自评总结（心得体会）

三、教师对展示的作品分别作评价

1. 找出各组的优点点评。
2. 对任务完成过程中各组的缺点进行点评，提出改进方法。
3. 对整个任务完成中出现的亮点和不足进行点评。

评价与分析

任务评价表

班级＿＿＿＿＿＿＿学生姓名＿＿＿＿＿＿＿学号＿＿＿＿＿＿＿

项目	自我评价			小组评价			教师评价		
	10 ~ 9	8 ~ 6	5 ~ 1	10 ~ 9	8 ~ 6	5 ~ 1	10 ~ 9	8 ~ 6	5 ~ 1
	占总评 10%			占总评 30%			占总评 60%		
学习活动 1									
学习活动 2									
学习活动 3									
学习活动 4									
表达能力									
协作精神									
纪律观念									
工作态度									
任务总体表现									
小计分									
总评分									

任课教师：　　　　　　年　　月　　日

学习任务三　车削单球手柄

学习目标

1. 能独立阅读生产任务单，明确产品名称、加工数量等要求。

2. 能查阅常用单球手柄的用途、功能。

3. 能正确识读单球手柄零件图。

4. 能根据单球手柄零件图样，合理选择工、量、刃具。

5. 能正确编写单球手柄工艺卡。

6. 能正确绘制单球手柄零件图。

7. 能按要求正确规范地填写单球手柄加工工序卡片。

8. 能正确领取单球手柄毛坯及工、量、刃具。

9. 能按照图样要求完成单球手柄零件的加工。

10. 能准确规范地测量单球手柄零件的尺寸和形状误差。

11. 能规范填写单球手柄尺寸和形状误差测量报告。

12. 能按车间管理和产品工艺流程的要求，正确放置单球手柄零件并进行质量检验和确认。

13. 能按产品工艺流程和车间要求，进行产品交接并规范填写交接班记录表。

14. 能按国家环保相关规定和车间要求，正确处置废油液等废弃物。

15. 能主动获取有效信息，展示工作成果，对学习与工作进行反思总结，并能与他人开展良好合作，进行有效的沟通。

建议学时

40 学时。

工作情境描述

某企业定制一批单球手柄，数量为 30 件，生产主管部门将生产任务交予我车间，交货期 5 天，来料加工。现车间安排我们车工组完成此加工任务。

工作流程与活动

1. 单球手柄的工艺分析（10 学时）
2. 单球手柄的加工（18 学时）
3. 单球手柄的测量及误差分析（6 学时）
4. 工作总结与评价（6 学时）

学习活动1　单球手柄的工艺分析

学习目标

1. 能独立阅读生产任务单，明确产品名称、加工数量等要求。

2. 能查阅常用单球手柄的用途、功能。

3. 能正确识读单球手柄零件图。

4. 能根据单球手柄零件图样，合理选择工、量、刃具。

5. 能正确选用滚花刀。

6. 能对圆头车刀进行正确刃磨。

7. 能正确编写单球手柄工艺卡。

8. 能正确绘制单球手柄零件图。

9. 能主动获取有效信息，并能与他人良好合作，进行有效的沟通。

10. 能按要求正确规范地完成本次学习活动工作页的填写。

建议学时：10学时。

学习过程

一、领取生产任务单，明确加工任务

生产任务单

需方单位名称		某企业		完成日期	年 月 日	
序号	产品名称	材料	数量	技术标准、质量要求		
1	单球手柄	45 钢	30 件	按图样要求		
2						
3						
4						
生产批准时间		年 月 日	批准人			
通知任务时间		年 月 日	发单人			
接单时间		年 月 日	接单人		生产班组	车工组

1. 本生产任务需要加工的零件名称为：________________；材料：______________；加工数量：______________。

2. 本生产任务加工周期为 5 天，试问你们小组准备如何分配任务完成零件的加工？

3. 在使用过的机床上面找一找，看有没有单球手柄零件，它们在机床上起什么作用?

二、识读零件图

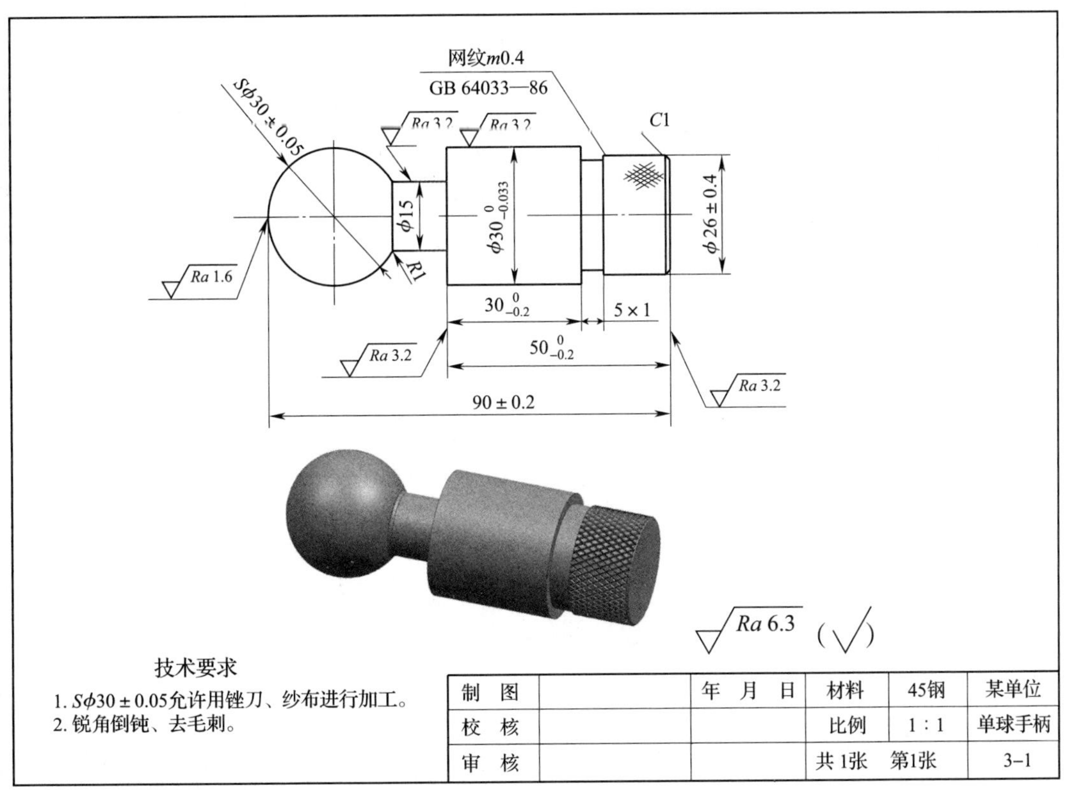

3-1-4 零件普通车床加工（二）

1. 单球手柄零件图中哪些尺寸具有公差要求？

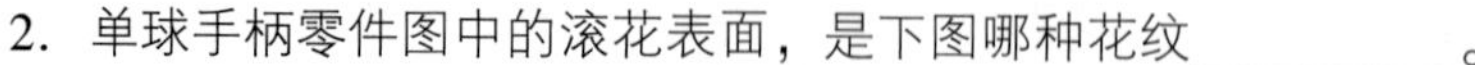

2. 单球手柄零件图中的滚花表面，是下图哪种花纹__________。

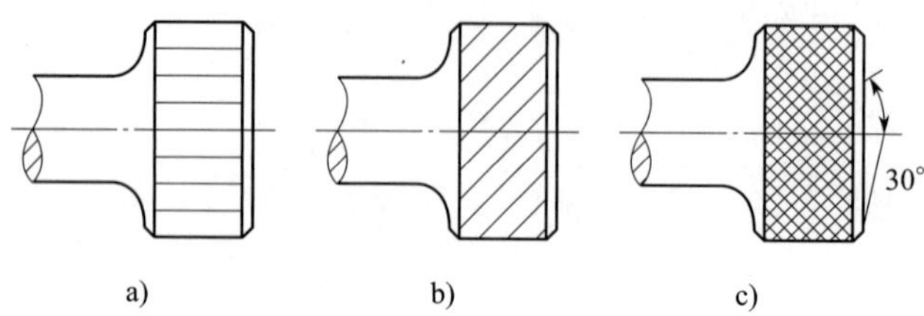

3. 下图零件表面中具有滚花表面，谈一谈滚花在这些零件中起的作用。

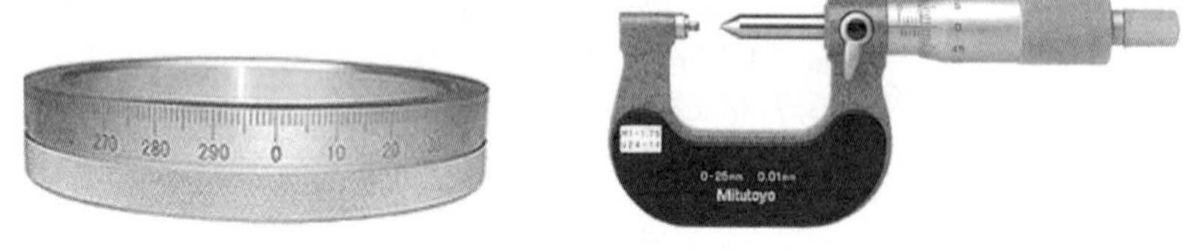

4. 零件表面滚花的主要作用是什么？滚花的种类有哪些？

（1）主要作用：

（2）滚花的种类：

5．下图中所示零件的部分表面是由曲线组成的，因此称为成形面零件。写出图中零件的名称。

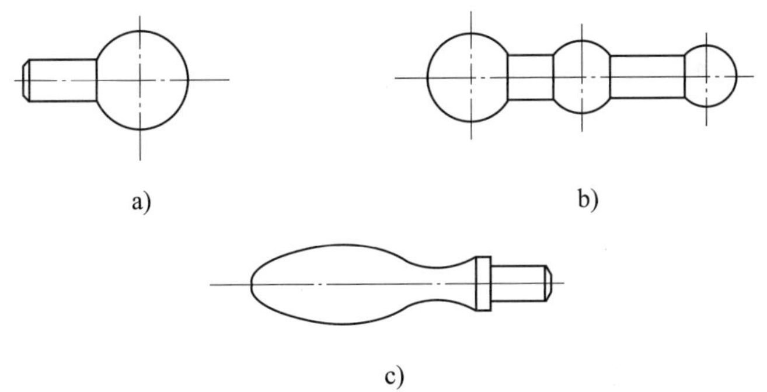

a）　　b）　　c）

a 图：________；b 图：________；c 图：________。

三、选择加工本任务单球手柄零件所需的工、量、刃具

1．写出加工本任务单球手柄零件所需工具的名称及其规格。

项目	名称	规格
工具		

2. 写出加工本任务单球手柄零件所需量具的名称及其规格。

项目	名称	规格
量具		

(1) 加工该任务单球手柄零件用到了哪些新的量具?

(2) 下图为三种测量球面的方法，分别说明各种测量方法所使用的量具名称及测量方法。

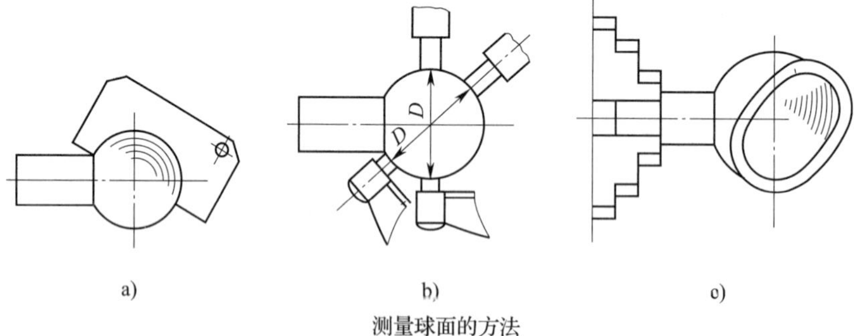

测量球面的方法

a 图：

b 图：

c 图：

3．列出加工该单球手柄零件所需刃具的名称和规格。

项目	名称	规格
刃具		

（1）辨别单球手柄图样中滚花的花纹，你能选出合适的滚花刀具吗？填写下图滚花刀的名称，说一说以下滚花刀的不同？

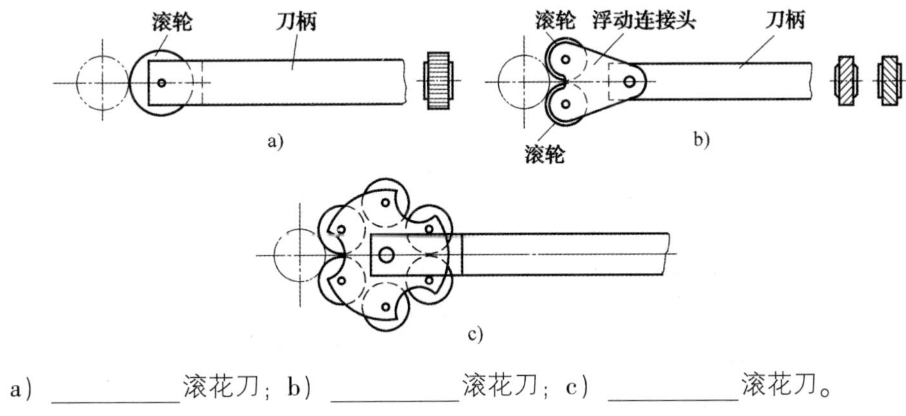

a）__________滚花刀；b）__________滚花刀；c）__________滚花刀。

（2）滚花刀花纹有粗细之分，并用模数 m 区分，查阅资料，说说滚花刀花纹有哪几种？如何选用？

（3）常用的成形车刀有以下三种，解释一下每种成形刀的结构特点和应用场合。

1）普通成形刀

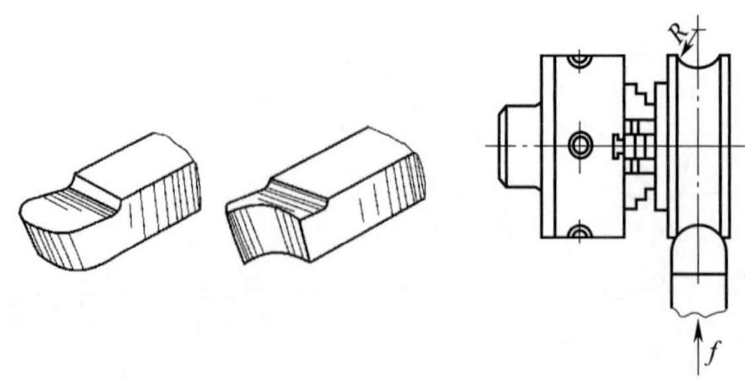

2）棱形成形刀

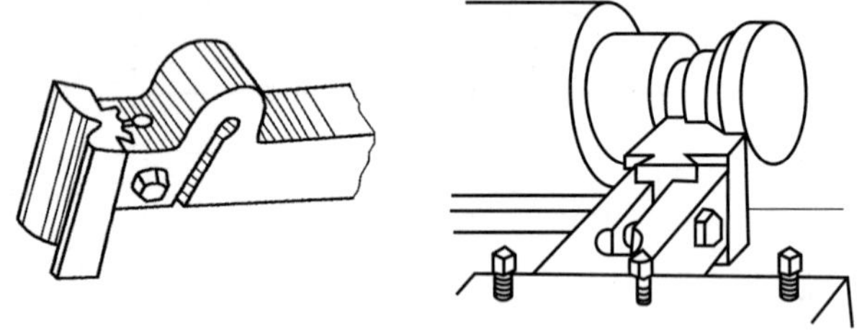

3）圆形成形刀

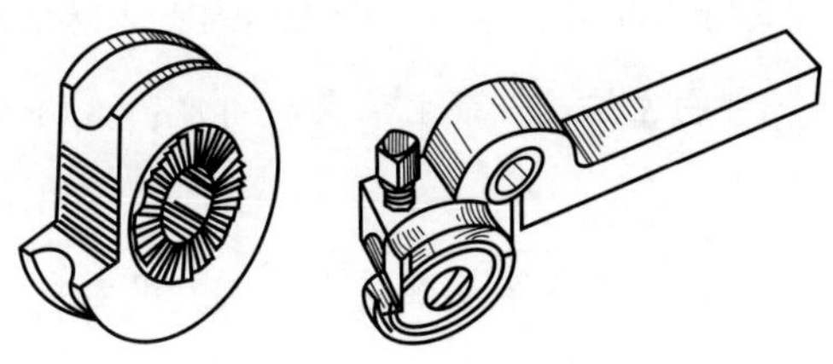

（4）对于不同的球面精度，如何选择球面加工刀具?

（5）下图为加工成形面要用到的圆头车刀，参考学习过的其他刀具刃磨方法，写出刃磨该刀具的操作步骤。

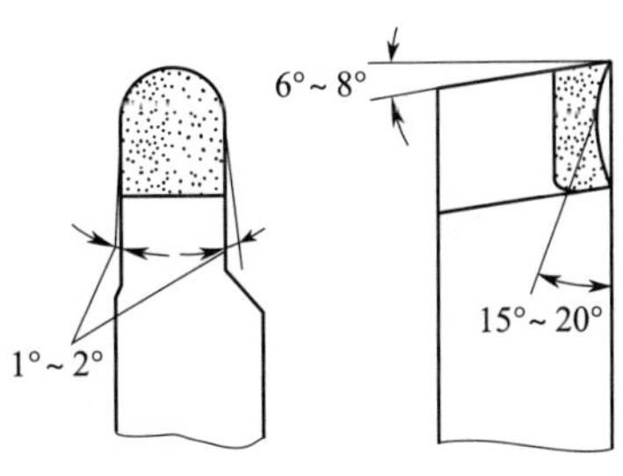

操作提示

刃磨圆头车刀操作提示

1. 人站立在砂轮机的侧面，以防砂轮碎裂时，碎片飞出伤人。
2. 两手握刀的距离放开，两肘夹紧腰部，以减小磨刀时的抖动。

3. 磨刀时，车刀要放在砂轮的水平中心，刀尖略向上翘3°～8°，车刀接触砂轮后应作左右方向水平移动。当车刀离开砂轮时，车刀需向上抬起，以防磨好的刀刃被砂轮碰伤。

4. 磨后刀面时，刀杆尾部向左偏过一个主偏角的角度；磨副后刀面时，刀杆尾部向右偏过一个副偏角的角度。

5. 修磨车刀圆弧时，通常以左手握车刀前端为支点，用右手转动车刀的尾部，并用相应的R规（见下图）随时检查圆弧的精度。

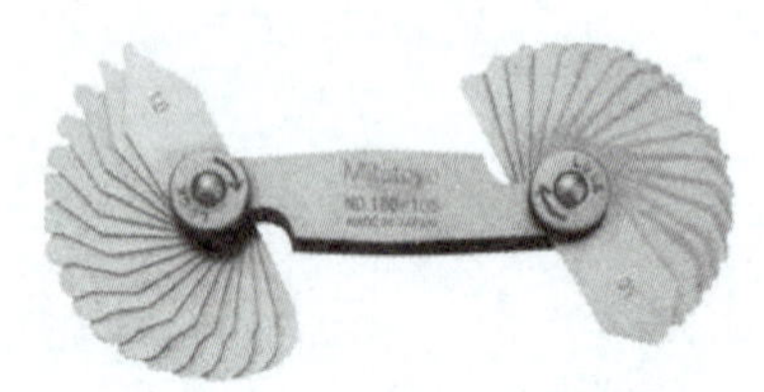

（6）刃磨圆头车刀，填写圆头车刀刃磨检测分析表。

圆头车刀刃磨检测分析表

检测内容	检测所用方法	检测结果	是否合格
前角			
主后角			
副偏角（两处）			
圆弧			
安全文明刃磨			

分析造成不合格项目的原因：

改进措施：

指导教师意见：

四、填写工艺卡

单球手柄加工工艺卡

<table>
<tr><td rowspan="2">(单位名称)</td><td rowspan="2">加工
工艺卡</td><td>产品名称</td><td colspan="2"></td><td>图号</td><td colspan="2"></td></tr>
<tr><td>零件名称</td><td colspan="2"></td><td>数量</td><td></td><td>第 页</td></tr>
<tr><td>材料
种类</td><td></td><td>材料
成分</td><td></td><td>毛坯
尺寸</td><td colspan="2"></td><td>共 页</td></tr>
</table>

工序号	工序内容	车间	设备	夹具	量具	刃具	计划工时	实际工时

更改号		拟定	校正	审核	批准
更改者					
日 期					

五、在以下位置按1:1比例抄绘单球手柄零件图

学习活动 2　单球手柄的加工

学习目标

1. 能按要求正确规范地填写单球手柄加工工序卡片。

2. 能正确领取单球手柄零件材料及工、量、刃具。

3. 能按单球手柄的图样要求，测量毛坯外形尺寸，判断毛坯是否有足够的加工余量。

4. 能正确装夹工件，并对其进行找正。

5. 能正确规范地装夹滚花刀、成形车刀等刀具。

6. 能正确合理地选择切削用量。

7. 能对加工中的单球手柄进行自检，判断零件是否合格，最终按照要求完成单球手柄零件的加工。

8. 能在教师的指导下，对加工中出现的常见问题，找出解决办法。

9. 能按国家环保相关规定和车间要求，正确处置废油液等废弃物。

10. 能主动获取有效信息，并能与他人开展良好合作，进行有效的沟通。

11. 能按要求正确规范地完成本次学习活动工作页的填写。

建议学时：18 学时。

学习过程

一、制定加工步骤

步骤一：用三爪自定心卡盘夹持毛坯外圆，校正并夹紧。

1. 车平端面。

2. 粗车 ϕ30 mm 外圆。

3. 车削滚花外圆。

由于滚花时工件表面产生塑性变形，在车削滚花外圆时，如何确定外圆直径？本任务单球手柄零件图样中滚花前外圆直径应加工为多少？

4. 滚花。

（1）滚花刀的装夹方法有平行安装和倾斜安装，如下图所示，这两种安装方法有何特点？各应用于什么场合？

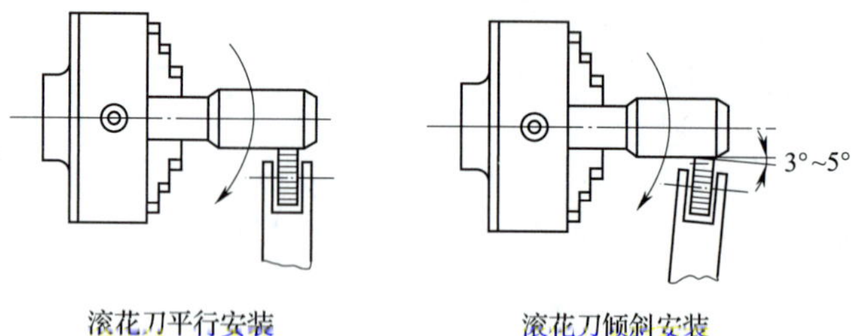

滚花刀平行安装　　滚花刀倾斜安装

（2）查阅资料，写出滚花的步骤与操作要领。

（3）根据下表所示滚花的步骤和图示，填写完整滚花操作内容及要求。

滚花步骤及图示

步骤	操作内容	图示
1）选择、装夹滚花刀	①选择______滚花刀 ②装滚花刀，要求滚花刀的______与工件______等高，并使滚花刀的______相对于工件表面向左倾斜__________	
2）手动试切	手动试切，使滚轮表面约____的宽度与工件接触，滚花刀就容易压入工件表面	
3）加切削液	加__________切削液，以润滑______，降低温度	

续表

步骤	操作内容	图示
4）停车检查	停车检查花纹是否准确，当花纹符合要求后，即可纵向______	
5）循环滚压	如此往复循环 滚压______次，直至花纹凸出为止	
6）清除滚花刀滚轮内的切屑	要经常用______清除滚花刀滚轮内的切屑	

5．切槽。

6．精车 ϕ30 mm 外圆。

步骤二：掉头，车工件左端（沟槽、球面）。

1．取总长。

2．车削圆球外圆。

3．切槽。

计算下图中球形部分的长度 L，想一想加工单球手柄可以不用计算 L 吗?

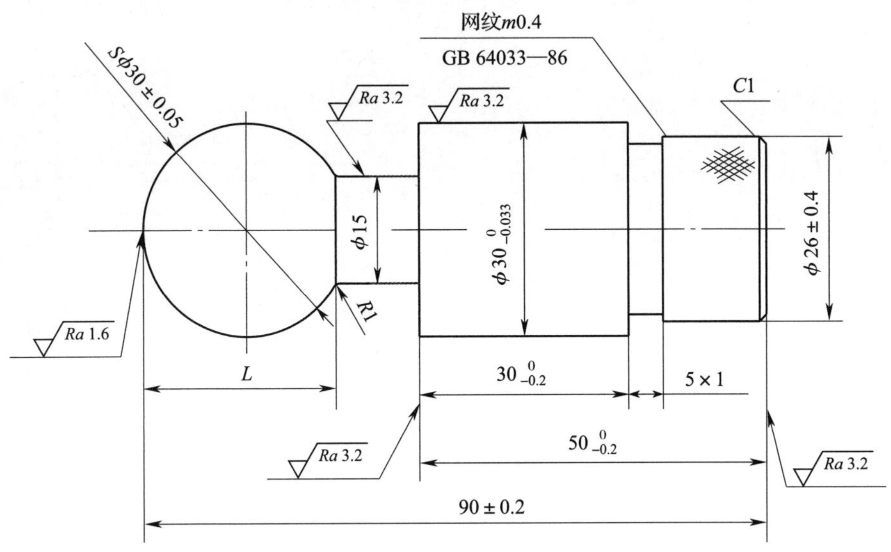

4．粗、精车圆球面。

（1）车削成形面的方法有用样板刀车成形面、双手控制法车成形面、仿形法、专用工具车成形面法，各有何特点？本任务你准备采用什么方法车削？

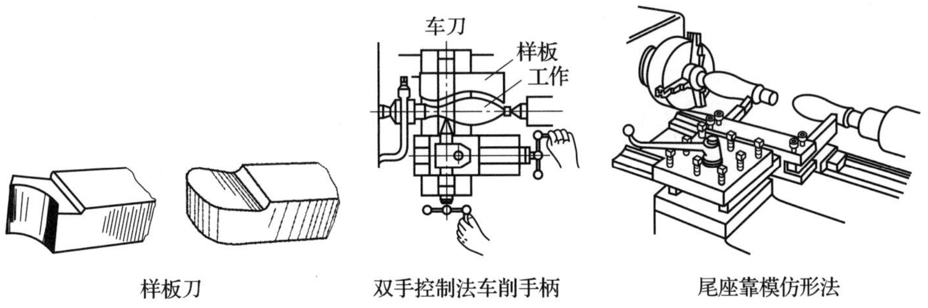

样板刀　　双手控制法车削手柄　　尾座靠模仿形法

（2）看图示，用双手控制法车削球面时，对纵、横向进给的移动速度如何确定?

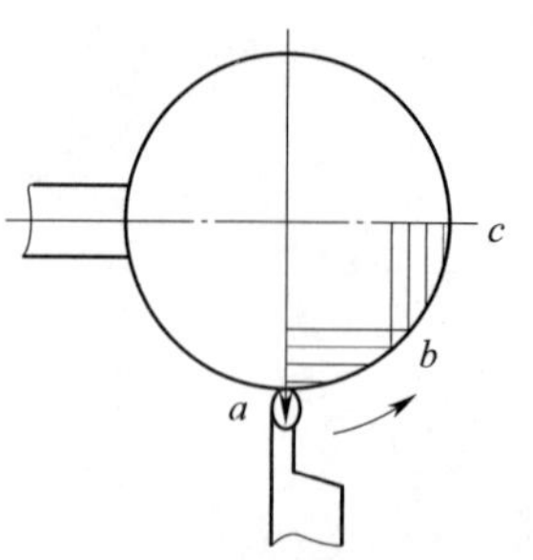

车圆球时纵、横向速度的变化

（3）根据车削单球手柄步骤（1）、（2）图示，描述车削单球手柄操作步骤及要点。

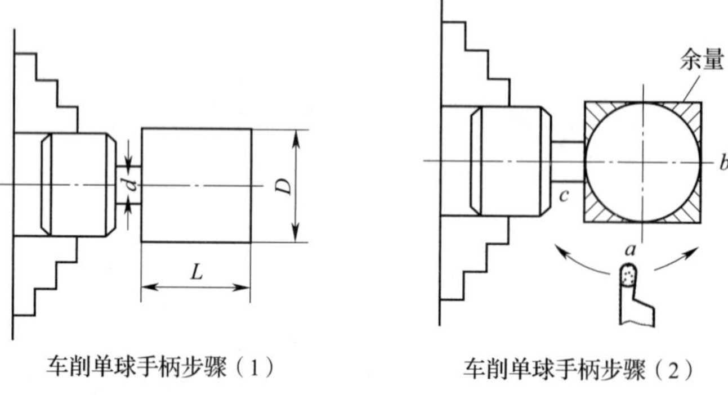

车削单球手柄步骤（1）　　车削单球手柄步骤（2）

(4) 想一想或上网搜一搜，还有其他加工球面的方法吗?

(5) 经过精车以后的球面表面如果还不够光洁，可用锉刀、砂布等对工件进行修整抛光。查阅资料完成下表：

修正方法	达到精度	工件转速	操作要领	注意事项
锉刀修光				
砂布抛光				

(6) 根据下表所示车削单球手柄的操作步骤并结合图示，填写完整车削内容。

车削单球手柄操作步骤及图示

步骤	操作内容	选择的切削用量	图　示
1) 找正、夹紧毛坯	用三爪自定心卡盘装夹，伸出长度____mm，找正、夹紧毛坯外圆	——	
2) 车平端面	车平端面	v_c = ______m/min，f = ______ mm/r	

续表

步骤	操作内容	选择的切削用量	图示
3）车外圆	车外圆至______ mm，长______mm	v_c =______ m/min，f =________mm/r	
4）车槽	装夹主切削刃______的车槽刀，根据______直径和______直径计算圆球长度，进行车削	v_c =______m/min，f =______mm/r	
5）车球面	①车圆球前，用钢直尺量出____，并用车刀刻线痕 车右半球，将车刀进至离右半球面中心线痕____mm接触外圆后，用双手同时移动______、______进行车削	v_c =______m/min	
	②车左半球与车右半球相似，不同之处是______与______连接处要用切断刀清根		

续表

步骤	操作内容	选择的切削用量	图　示
6）整形和抛光	①用____修整，修整时的锉削余量一般为____ mm	v_c = ______m/min	
	②先用____砂布，后用____砂布。移动速度要均匀，表面粗糙度值控制在____以内	v_c = ______m/min	
7）检测	①用圆弧样板首先要检查透光度的____，再检查透光度的____	——	
	②用千分尺检查单球手柄球面直径尺寸，千分尺测微螺杆轴线应通过工件____，并应多次变换测量____	——	

二、填写工序卡片

单球手柄加工工序卡片	产品型号		零件图号							
	产品名称		零件名称		共		页	第		页

车间	工序号	工序名称	材料牌号
毛坯种类	毛坯外形尺寸	每毛坯可制件数	每台件数
设备名称	设备型号	设备编号	同时加工件数

夹具编号	夹具名称	切削液	
工位器具编号	工位器具名称	工序工时（分）	
		准终	单件

工步号	工步内容	工艺装备	主轴转速 r/min	切削速度 m/min	进给量 mm/r	背吃刀量 mm	进给次数	工步工时	
								机动	辅助

	设计（日期）	校对（日期）	审核（日期）	标准化（日期）	会签（日期）

三、填写领料单

领料单

填表日期：　年　　月　　日　　　　　　　　　　　　　　　发料日期：　年　　月　　日

<table>
<tr><td>领料部门</td><td></td><td>产品名称及数量</td><td colspan="5"></td></tr>
<tr><td>领料单号</td><td></td><td>零件名称及数量</td><td colspan="5"></td></tr>
<tr><td rowspan="2">材料名称</td><td rowspan="2">材料规格及型号</td><td rowspan="2">单位</td><td colspan="2">数量</td><td rowspan="2">单价</td><td rowspan="2">总价</td></tr>
<tr><td>请领</td><td>实发</td></tr>
<tr><td></td><td></td><td></td><td></td><td></td><td></td><td></td></tr>
<tr><td>材料说明用途</td><td>材料仓库</td><td>主管</td><td>发料数量</td><td>领料部门</td><td>主管</td><td>领料数量</td></tr>
<tr><td></td><td></td><td></td><td></td><td></td><td></td><td></td></tr>
</table>

四、填写工、量、刃具清单

工、量、刃具清单

序号	工、量、刃具名称	规格	数量	需领用

五、完成单球手柄的车削

1．在车床上完成单球手柄的车削，并将加工过程中出现的问题记录下来。

2. 加工完毕后，按照图样要求进行自检，正确放置零件，并进行产品交接确认；按照国家环保相关规定和车间要求，整理现场，正确处置废油液等废弃物；按车间规定填写交接班记录（见附表1）。

3. 单球手柄加工完成后要对车床进行保养，根据车床保养的实际情况填写设备日常保养记录卡（见附表2）。

操作提示

一、滚花时操作提示

1. 滚花时，应选低的切削速度，一般为5～10 m/min。纵向进给量选择大些，一般为0.3～0.6 mm/r。

2. 在滚花刀开始滚压时，挤压力要大且猛一些，使工件圆周上一开始就形成较深的花纹，这样就不易产生乱纹。

3. 停车检查花纹符合要求后，即可纵向机动进给。如此循环往复滚压1～3次，直至花纹凸出达到要求为止。

4. 滚花开始就应充分浇注切削液，以润滑滚轮和防止滚轮发热损坏，并经常清除滚压产生的碎屑。

二、球面车削时操作提示

1. 要培养目测球形的能力和协调双手控制进给动作的技能，否则往往把球面车成橄榄形和算盘珠形。

2. 测量姿势不正确，检验效果达不到要求。

3. 车削成形曲面时，车刀一般从曲面高处向低处送进，为了增加工件刚度，应先车离卡盘远的曲面段，后车离卡盘近的曲面段。

4. 用锉刀锉削弧形工件时，锉刀的运动要绕弧面进行。

5. 锉削时，为了防止锉屑散落床面，影响床身导轨精度，应垫护床板或护床纸。

6. 锉削时，宜用左手捏锉刀柄进行锉削，这样比较安全。

学习活动3　单球手柄的测量及误差分析

学习目标

1. 能根据单球手柄图样，合理选择检验工具和量具。

2. 能准确规范地测量单球手柄零件的尺寸及几何精度。

3. 能正确规范地使用工量具，并对其进行合理保养和维护。

4. 能规范填写滚花时乱纹的原因及预防措施。

5. 能主动获取有效信息，并能与他人良好合作，进行有效的沟通。

6. 能按要求正确规范地完成本次学习活动工作页的填写。

建议学时：6学时。

学习过程

一、对工件进行检测，并将检测结果填写在检测结果表中

单球手柄零件检测表

序号	考核项目	考核内容及要求	配分 IT	配分 Ra	评分标准	检验结果 IT	检验结果 Ra	得分
1	外圆	$\phi26\pm0.4$ mm	4	2	超差不得分			
2		$\phi30_{-0.033}^{0}$ mm	7	2	超差不得分			
3	滚花	花纹清晰、无乱纹	8		不符合要求扣1~5分			

续表

<table>
<tr><th rowspan="2">序号</th><th rowspan="2">考核项目</th><th rowspan="2">考核内容及要求</th><th colspan="2">配分</th><th rowspan="2">评分标准</th><th colspan="2">检验结果</th><th rowspan="2">得分</th></tr>
<tr><th>IT</th><th>Ra</th><th>IT</th><th>Ra</th></tr>
<tr><td>4</td><td rowspan="3">长度</td><td>$30_{-0.2}^{0}$ mm</td><td>4</td><td></td><td>超差不得分</td><td></td><td></td><td></td></tr>
<tr><td>5</td><td>$50_{-0.2}^{0}$ mm</td><td>4</td><td></td><td>超差不得分</td><td></td><td></td><td></td></tr>
<tr><td>6</td><td>90 ±0.2 mm</td><td>4</td><td></td><td>超差不得分</td><td></td><td></td><td></td></tr>
<tr><td>7</td><td rowspan="2">槽</td><td>ϕ15 mm</td><td>3</td><td>2</td><td>超差不得分</td><td></td><td></td><td></td></tr>
<tr><td>8</td><td>5 mm×1 mm</td><td>4</td><td>2</td><td>超差不得分</td><td></td><td></td><td></td></tr>
<tr><td>9</td><td rowspan="2">倒角</td><td>$C1$</td><td>2</td><td></td><td>超差不得分</td><td></td><td></td><td></td></tr>
<tr><td>10</td><td>$R1$ mm</td><td>2</td><td></td><td>超差不得分</td><td></td><td></td><td></td></tr>
<tr><td>11</td><td>球面</td><td>$S\phi30$ ±0.05 mm</td><td>15</td><td>15</td><td>超差不得分</td><td></td><td></td><td></td></tr>
<tr><td rowspan="3">12</td><td rowspan="3">工具、设备的使用与维护</td><td>正确、规范使用工、量、刃具，合理保养及维护工、量、刃具</td><td colspan="2" rowspan="3">10</td><td>不符合要求扣1~8分</td><td colspan="2"></td><td></td></tr>
<tr><td>正确、规范使用设备，合理保护及维护设备</td><td>不符合要求扣1~8分</td><td colspan="2"></td><td></td></tr>
<tr><td>操作姿势、动作正确</td><td>不符合要求扣1~8分</td><td colspan="2"></td><td></td></tr>
<tr><td rowspan="3">13</td><td rowspan="3">安全与其他</td><td>安全文明生产，按国家颁布的有关法规或企业自定的有关规定</td><td colspan="2" rowspan="3">10</td><td>一项不符合要求扣2分，发生较大事故者取消考试资格</td><td colspan="2"></td><td></td></tr>
<tr><td>操作、工艺规范正确</td><td>一处不符合扣2分</td><td colspan="2"></td><td></td></tr>
<tr><td>工件各表面无缺陷</td><td>不符合要求扣1~8分</td><td colspan="2"></td><td></td></tr>
</table>

注：时间定额为150 min；超过10 min扣10分；超过30 min不合格。

二、根据检测结果进一步分析滚花时乱纹的原因及预防措施

废品种类	产生原因	预防措施
乱纹		

学习活动4　工作总结与评价

学习目标

1. 能按分组情况，分别派代表展示工作成果，说明本次任务的完成情况，并作分析总结。

2. 能结合自身任务完成情况，正确规范撰写工作总结（心得体会）。

3. 能就本次任务中出现的问题提出改进措施。

4. 能对学习与工作进行反思总结，并能与他人开展良好合作，进行有效的沟通。

5. 能按要求正确规范地完成本次学习活动工作页的填写。

建议学时：6学时。

学习过程

一、展示评价

把个人制作好的单球手柄先进行分组展示，再由小组推荐代表作必要的介绍。在展示的过程中，以组为单位进行评价；评价完成后，根据其他组成员对本组展示成果的评价意见进行归纳总结。完成如下项目：

1. 展示的单球手柄符合技术标准吗？

合格□　　不良□　　返修□　　报废□

2. 与其他组相比，本小组的单球手柄工艺你认为：

工艺优化□　　工艺合理□　　工艺一般□

3. 本小组介绍成果表达是否清晰?

很好□　　　　一般，常补充□　　　　不清晰□

4. 本小组演示单球手柄检测方法操作正确吗?

正确□　　　　部分正确□　　　　不正确□

5. 本小组演示操作时遵循了“5S”的工作要求吗?

符合工作要求□　　　　忽略了部分要求□　　　　完全没有遵循□

6. 本小组的成员团队创新精神如何?

良好□　　　　一般□　　　　不足□

二、自评总结（心得体会）

三、教师对展示的作品分别作评价

1. 找出各组的优点点评。

2. 对任务完成过程中各组的缺点进行点评，提出改进方法。

3. 对整个任务完成中出现的亮点和不足进行点评。

评价与分析

任务评价表

班级＿＿＿＿＿＿＿学生姓名＿＿＿＿＿＿＿学号＿＿＿＿＿＿＿

项目	自我评价			小组评价			教师评价		
	10～9	8～6	5～1	10～9	8～6	5～1	10～9	8～6	5～1
	占总评 10%			占总评 30%			占总评 60%		
学习活动 1									
学习活动 2									
学习活动 3									
学习活动 4									
表达能力									
协作精神									
纪律观念									
工作态度									
任务总体表现									
小计分									
总评分									

任课教师：　　　　　　年　　月　　日

学习任务四　车削螺纹轴

学习目标

1. 能独立阅读生产任务单，明确产品名称、加工数量等要求。
2. 能查阅常用螺纹轴的用途、功能、材料。
3. 能正确识读螺纹轴零件图，熟悉各种螺纹表达方法。
4. 能根据螺纹轴零件图样，合理选择工、量、刃具。
5. 能正确编写螺纹轴工艺卡。
6. 能正确绘制螺纹轴零件图。
7. 能正确计算螺纹轴各部分尺寸，按要求正确规范填写螺纹轴加工工序卡片。
8. 能正确领取螺纹轴毛坯及工、量、刃具。
9. 能正确刃磨外螺纹车刀。
10. 能按照图样要求完成螺纹轴零件的加工。
11. 能准确规范地测量螺纹轴零件的形状和位置误差。
12. 能规范填写螺纹轴几何误差测量报告。
13. 能按车间管理和产品工艺流程的要求，正确放置螺纹轴零件并进行质量检验和确认。
14. 能按国家环保相关规定和车间要求，正确处置废油液等废弃物。
15. 能按产品工艺流程和车间要求，进行产品交接并规范填写交接班记录表。
16. 能主动获取有效信息，展示工作成果，对学习与工作进行反思总结，并能与他人开展良好合作，进行有效的沟通。

建议学时

50 学时。

工作情境描述

某企业泵体中螺纹轴零件因长期使用，磨损严重不能正常使用，需更换，加工数量为30件，工期为10天，包工包料，零件尺寸见图样。现生产部门委托我车工组来完成加工任务。

工作流程与活动

1. 螺纹轴的工艺分析（10学时）
2. 螺纹轴的加工（30学时）
3. 螺纹轴的测量及误差分析（4学时）
4. 工作总结与评价（6学时）

学习活动1　螺纹轴的工艺分析

学习目标

1. 能独立阅读生产任务单，明确产品名称、加工数量等要求。

2. 能查阅常用螺纹轴的用途、功能、材料。

3. 能正确识读螺纹轴零件图，熟悉各种螺纹表达方法。

4. 能根据螺纹轴零件图样，合理选择工、量、刃具。

5. 能正确编写螺纹轴工艺卡。

6. 能正确绘制螺纹轴零件图。

7. 能主动获取有效信息，并能与他人良好合作，进行有效的沟通。

8. 能按要求正确规范地完成本次学习活动工作页的填写。

建议学时：10学时。

学习过程

一、领取生产任务单，明确加工任务

生产任务单

需方单位名称		某企业		完成日期	年　月　日
序号	产品名称	材料	数量	技术标准、质量要求	
1	螺纹轴	45钢	30件	按图样要求	
2					

续表

需方单位名称		某企业		完成日期	年　月　日	
序号	产品名称	材料	数量	技术标准、质量要求		
3						
4						
生产批准时间		年　月　日	批准人			
通知任务时间		年　月　日	发单人			
接单时间		年　月　日	接单人		生产班组	车工组

1．本生产任务需要加工的零件名称为：______________；材料：______________；加工数量：______________。

2．本生产任务加工周期为 10 天，你们小组计划如何分配任务完成零件的加工？

3．企业产品中螺纹轴的应用较广，列举一下螺纹轴的主要应用场合及所起作用。还有哪些材料可用来制作螺纹轴？

二、识读零件图

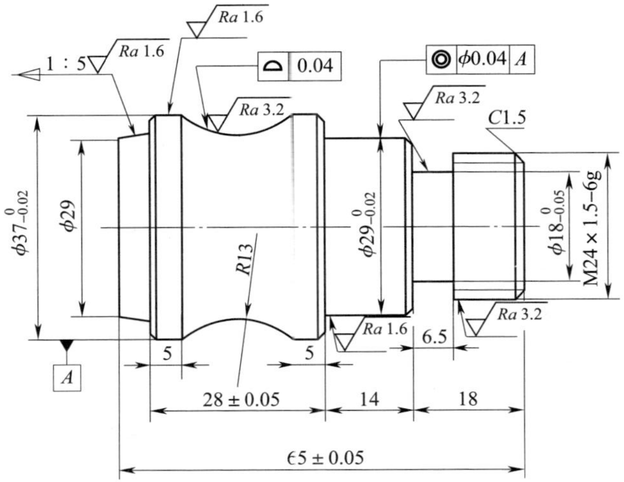

技术要求

1. 未注公差按IT14加工。
2. 未注倒角C1，锐边去毛刺。

$\sqrt{Ra\ 6.3}$ ($\sqrt{}$)

制图		年　月　日	材料	45钢	某单位
校核			比例	1：1	螺纹轴
审核			共1张	第1张	4–1

4-1-4 零件普通车床加工（二）

1. 螺纹轴零件图中哪些尺寸具有公差要求?

2. 说一说螺纹轴零件图中以下两种几何公差的含义。

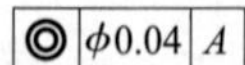

⌓	0.04

3. 螺纹轴零件图中 M24×1.5－6g 代表什么含义?

4. 组成外三角螺纹的各部分几何要素有哪些? 解释一下各几何要素的含义。

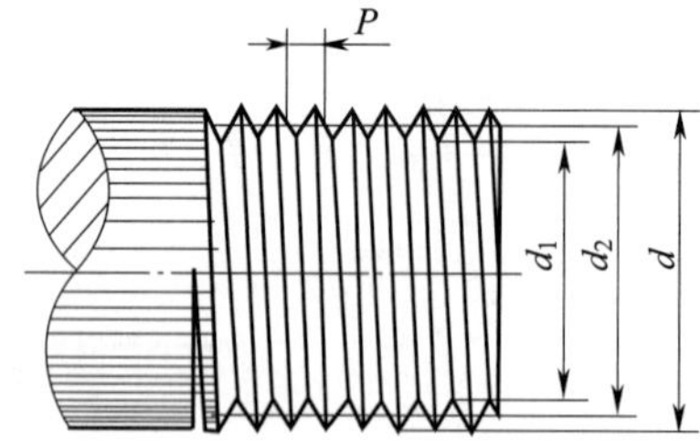

5. 看下图，如何判定外三角螺纹的旋向?

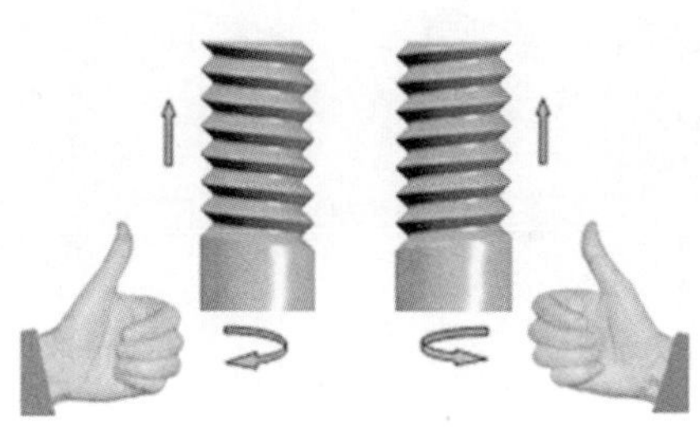

6. 外三角螺纹螺旋线的形成原理是什么?

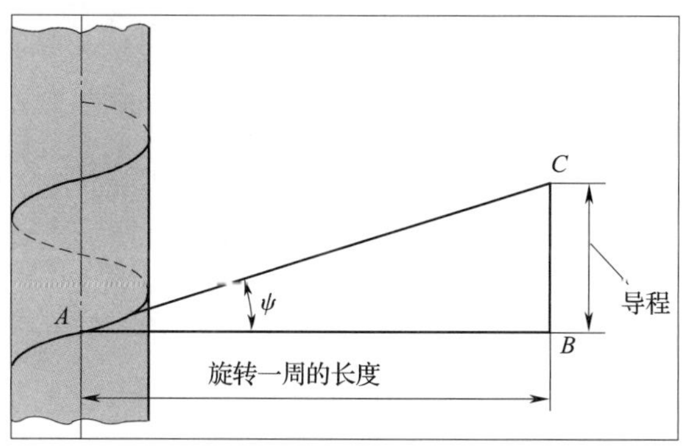

7. 试计算 M24×1.5 螺纹的牙型高度 h_1、中径 d_2、小径 d_1，并计算螺纹升角 ψ。

8. 试查表确定 M24×1.5—6g 外三角螺纹中径公差值。

9. 想一想，三角螺纹的螺距和导程有什么关系？

三、选择加工本任务螺纹轴零件所需的工、量、刃具

1. 写出加工本任务螺纹轴零件所需工具的名称及其规格。

项目	名称	规格
工具		

2. 写出加工本任务螺纹轴零件所需量具的名称及其规格。

项目	名称	规　格
量具		

(1) 加工本任务螺纹轴零件用到了哪些新的量具?

(2) 下图是螺纹千分尺的结构图，说明它的常用规格、结构组成和简单测量步骤。

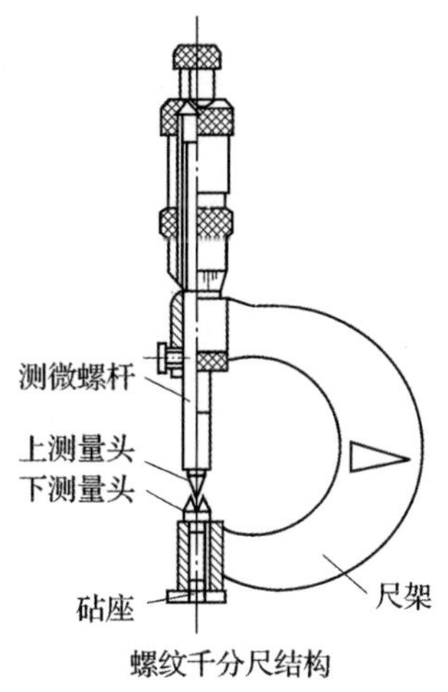

螺纹千分尺结构

常用规格：

结构组成：

测量步骤：

（3）试说明用螺纹千分尺检测螺纹中径时的测量要点。

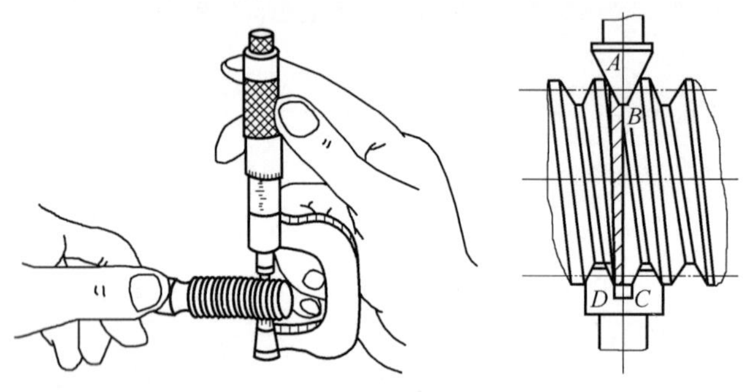

（4）试比较用螺纹千分尺检测普通外螺纹和用螺纹环规检测外螺纹的主要区别，并说明用螺纹环规测量时的测量要点。

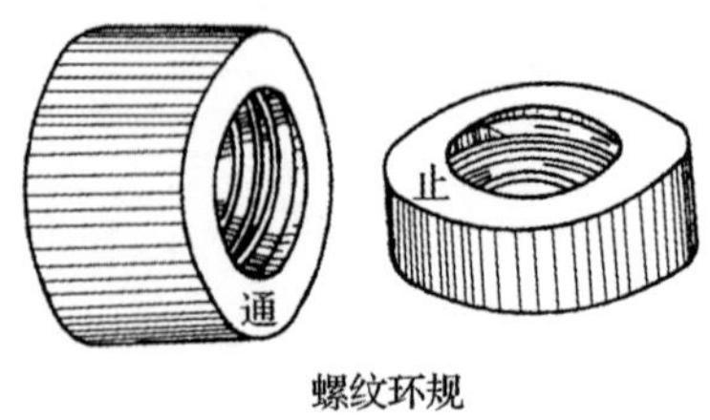

螺纹环规

主要区别：

螺纹环规测量要点：

3. 列出加工该螺纹轴零件所需刃具的名称和规格。

项目	名　称	规　格
刃具		

（1）说一说，常用来加工外三角螺纹的刃具有哪些？各适用于什么场合？

（2）下图为高速钢外三角螺纹车刀图，试辨别哪把螺纹刀为粗车刀，哪把螺纹刀为精车刀。为什么？

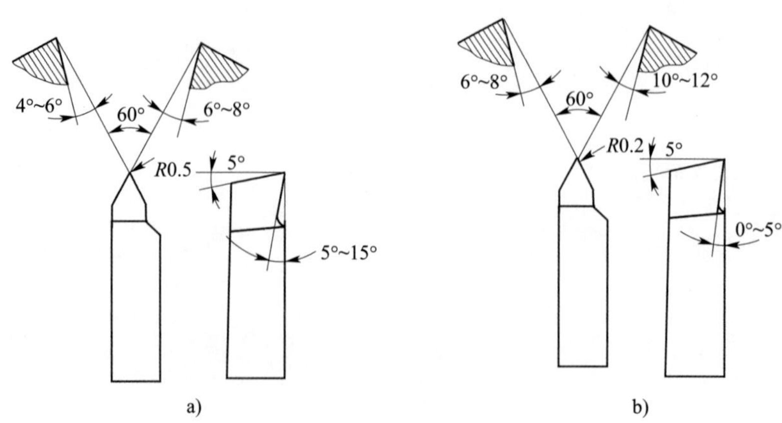

（3）螺纹车刀左、右侧后角是如何确定的？与哪些因素有关？

(4) 根据下面三幅图形说明螺纹车刀径向前角对刀尖角的影响。

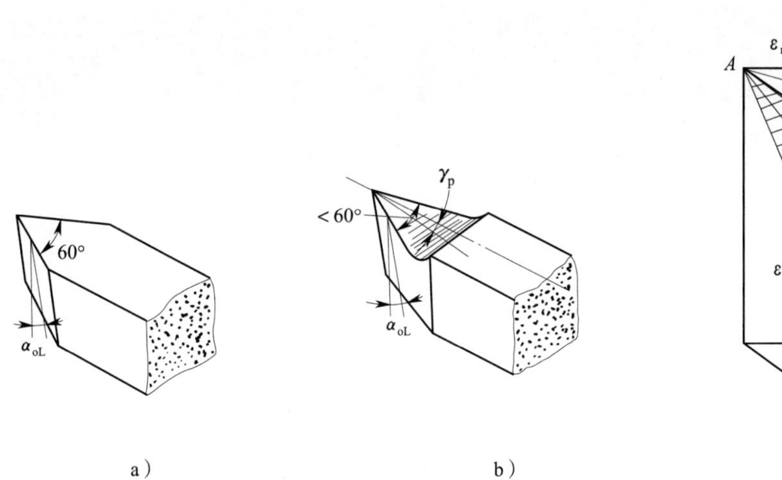

a)　　　　b)

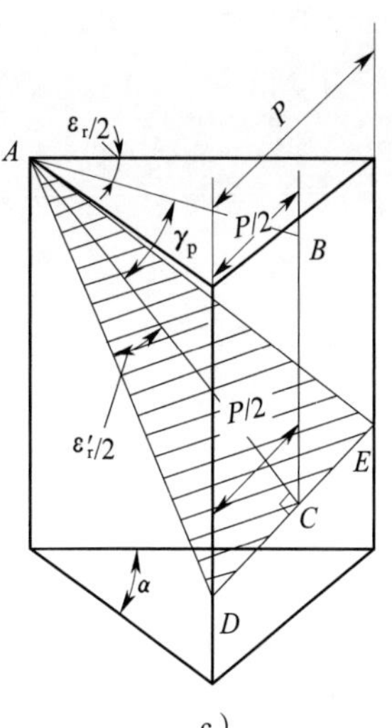

c)

(5) 识读硬质合金外三角螺纹车刀图，回答以下问题。

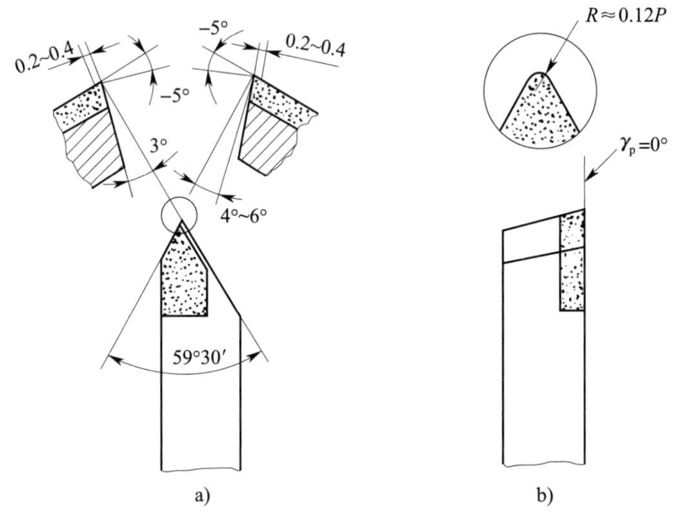

a)　　　　b)

前角 γ_o：________与________的夹角，在________面中测量，其值是________度；

主后角 α_o：________与________的夹角，在________面中测量，其值是________度；

副后角 α_o'：________与________的夹角，在________面中测量，其值是________度；

主偏角 κ_r：________与________的夹角，在________面中测量，其值是________度；

刀尖角 λ_s：________与________的夹角，在________面中测量，其值是________度。

（6）想一想，下图为用螺纹样板检查螺纹车刀刀尖角的两种情况，试说明哪一种情况是正确的，为什么？

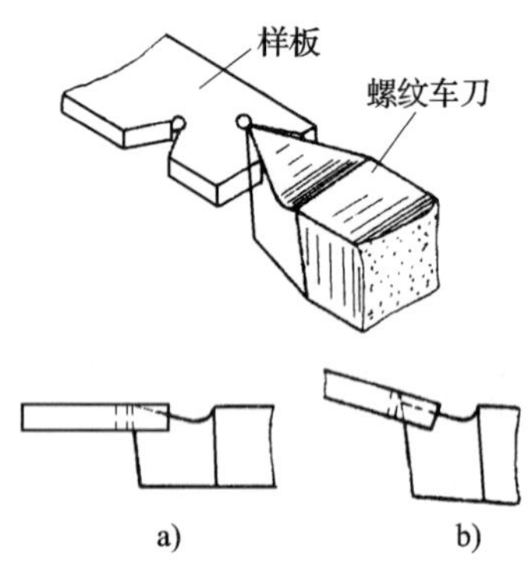

（7）查阅资料，填写螺纹车刀刃磨过程表。

螺纹车刀刃磨过程表

步骤	刃磨内容	提示
粗磨主后面	刃磨要求： 刃磨方法：	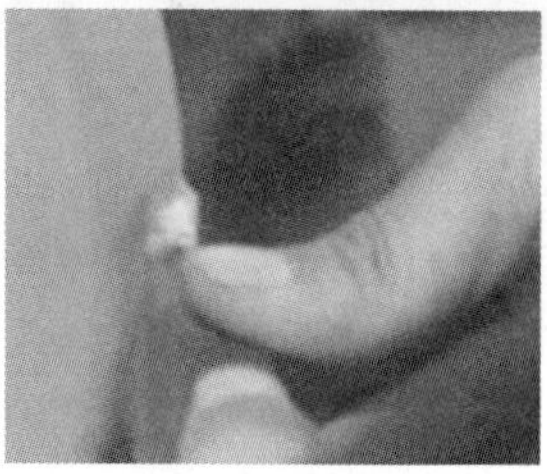
粗磨副后面	刃磨要求： 刃磨方法：	
粗磨前面	刃磨要求： 刃磨方法：	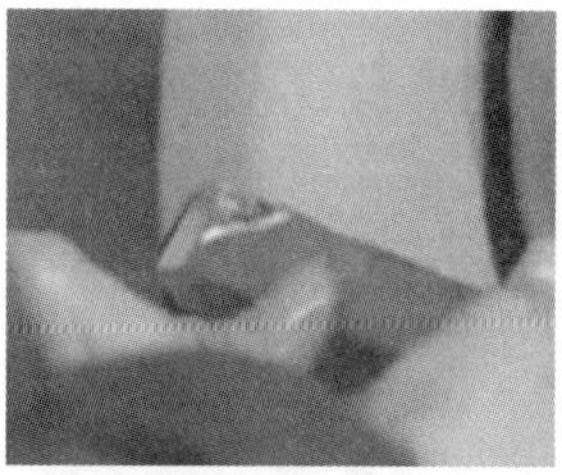
精磨前面	刃磨要求： 刃磨方法：	
精磨主后面、副后面	刃磨要求： 刃磨方法：	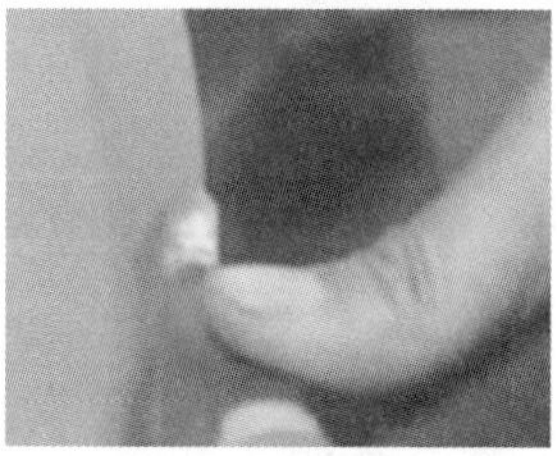

续表

步骤	刃磨内容	提示
修磨刀尖	刃磨要求： 刃磨方法：	
研磨各刀面	刃磨要求： 刃磨方法：	

安全提示

车刀刃磨安全提示

1. 磨刀时人的站立位置要正确，特别在刃磨整体式螺纹车刀时，不小心就会使刀尖角磨歪。

2. 刃磨高速钢车刀时，宜选用80#氧化铝砂轮，磨刀时压力应小于一般车刀，并及时用水冷却，以免过热而降低刀刃硬度。粗磨时也要用样板检查刀尖角，若磨有纵向前角的螺纹车刀，粗磨后的刀尖角略大于牙型角，待磨好前角后再修正刀尖角。

3. 刃磨螺纹车刀的刀刃时，要稍带移动，这样容易使刀刃平直。

4. 车刀刃磨时应注意安全。

四、填写工艺卡

螺纹轴加工工艺卡

(单位名称)	加工工艺卡	产品名称		图号		
		零件名称		数量		第　页
材料种类		材料成分		毛坯尺寸		共　页

工序号	工序内容	车间	设备	夹具	量具	刃具	计划工时	实际工时

更改号		拟定	校正	审核	批准
更改者					
日期					

五、在以下位置按1:1比例抄绘螺纹轴零件图

学习活动 2　螺纹轴的加工

学习目标

1. 能按要求正确规范地填写螺纹轴加工工序卡片。

2. 能正确领取加工螺纹轴零件所需材料及工、量、刃具。

3. 能按螺纹轴的图样要求，测量毛坯外形尺寸，判断毛坯是否有足够的加工余量。

4. 能正确装夹工件，并对其进行找正。

5. 能正确规范地装夹加工螺纹轴所用刀具。

6. 能正确合理地选择切削用量，并能正确选择本次任务要求的切削液。

7. 能对加工中的螺纹轴进行自检，判断零件是否合格。

8. 能按照要求完成螺纹轴零件的加工。

9. 能在教师的指导下，对加工中出现的常见问题，提出解决办法。

10. 能按国家环保相关规定和车间要求，正确处置废油液等废弃物。

11. 能主动获取有效信息，并能与他人开展良好合作，进行有效的沟通。

12. 能按要求正确规范地完成本次学习活动工作页的填写。

建议学时：30 学时。

学习过程

一、制定加工步骤

1. 加工前的准备。

（1）想一想，为保证螺纹轴图样中两种几何公差的要求，在加工螺纹轴时应采取哪些措施？

（2）车削螺纹前，车床中、小滑板间隙需要做哪些调整？

（3）车削螺纹前，开合螺母松紧需要做哪些调整？

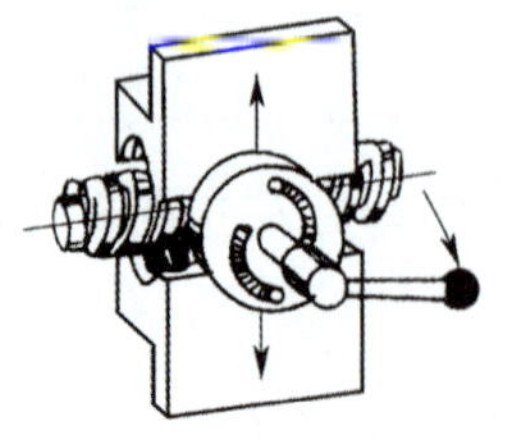

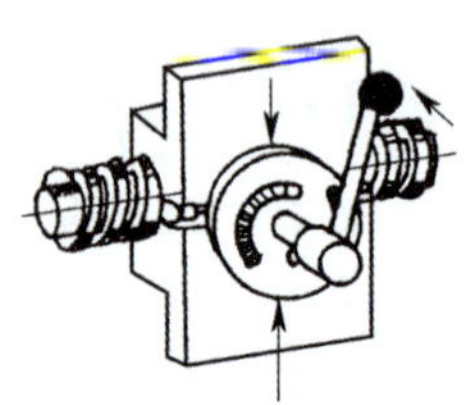

开合螺母开、合图

（4）看图示，填写调整车床小滑板与楔铁之间间隙的步骤。

调整车床小滑板与楔铁之间间隙

步骤	图示

	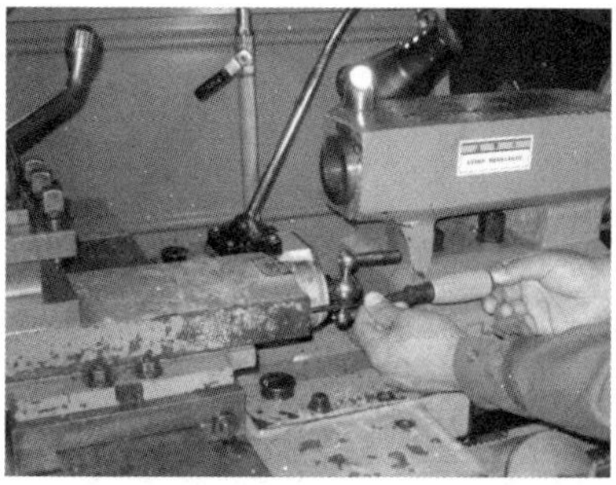

（5）看图示，填写调整车床中滑板与楔铁之间间隙的步骤。

调整车床中滑板与楔铁之间间隙

步骤	图例

（6）看图示，填写开合螺母松紧调整步骤。

开合螺母松紧调整

步骤	图示

续表

步骤	图示
	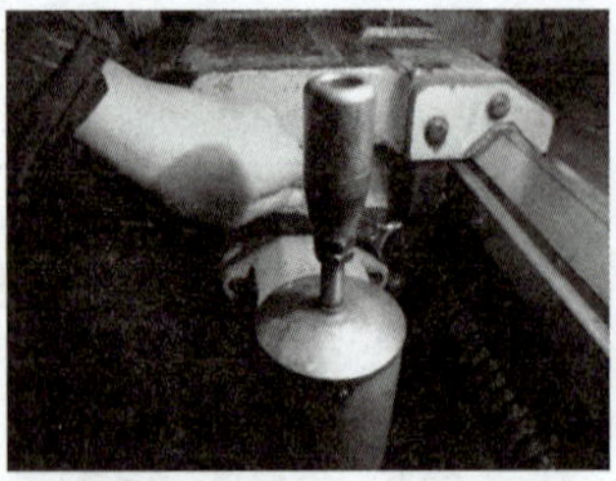 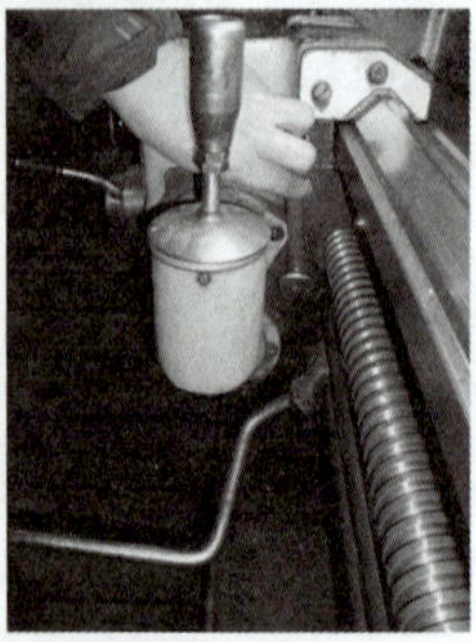

2. 一夹一顶装夹（加工右端）。

（1）粗车 ϕ37 mm 外圆。

（2）粗车 ϕ29 mm 外圆。

（3）粗、精车螺纹外圆。

（4）切槽。

（5）粗、精车螺纹。

1）用丝杠螺距为 12 mm 的车床，车削螺距为 1.5 mm 的螺纹，试计算交换齿轮的齿数及传动比。

2）在 CA6140 型车床上低速车削普通外螺纹可采用哪些操作方法？如何操作？

3）用丝杠螺距为 6 mm 的车床车削螺距分别为 3 mm 和 12 mm 的两种螺纹，如果采用提开合螺母法车削，试分别判断是否会产生乱牙。

4）想一想，在车床上，使用高速钢螺纹车刀加工 45 钢的材料，当加工以下几种规格的螺纹时，机床上的进给箱各手柄位置是否相同？如不同说明区别。

螺纹规格	机床进给箱手柄位置
M12	
M20	
M48 ×1.5	
M44 ×2	
M40 ×2.5	

5）想一想，车螺纹时螺纹车刀的装夹有什么要求？

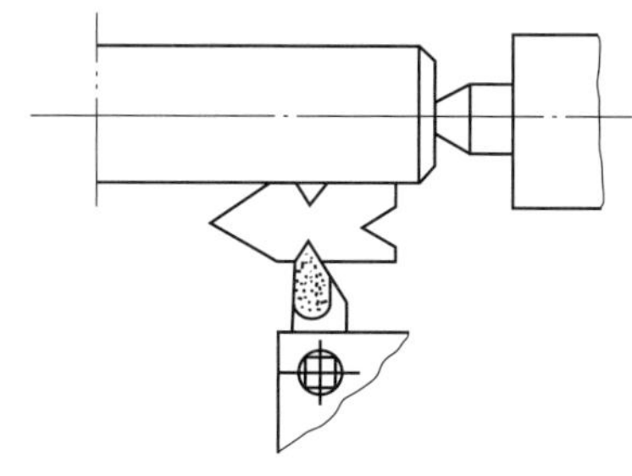

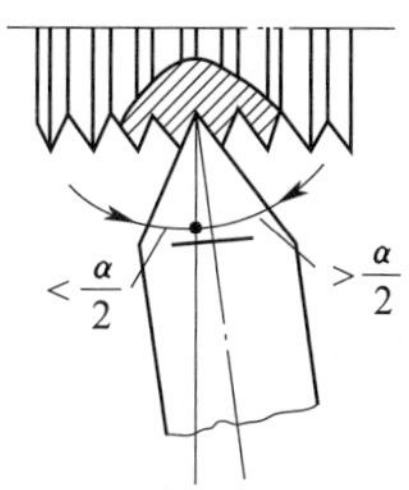

6）选用高速钢外螺纹车刀车削工件材料为 45 钢的 M24 ×1.5 外螺纹，分别确定在粗车和精车时相应的切削用量及切削液。

切削用量	v_c（或 n）	f	a_p	切削液
粗车				
精车				

7）以下车削普通外螺纹的进刀方法各适用于何种场合？其动作要领是什么？

方法	图示	适用场合	动作要领
直进法	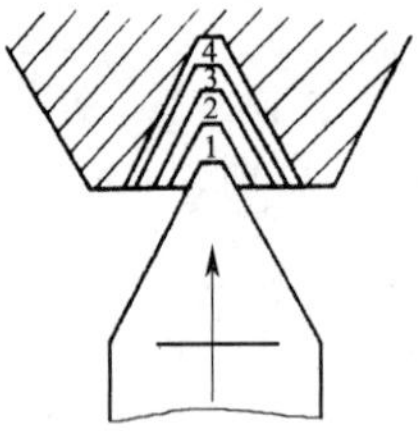		
左右切削法	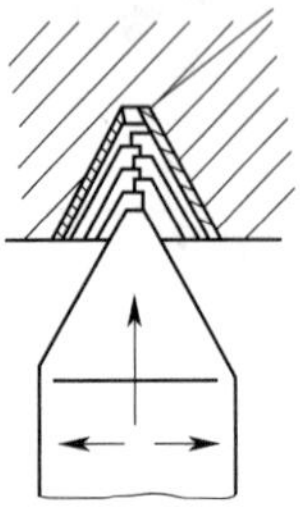		
斜进法	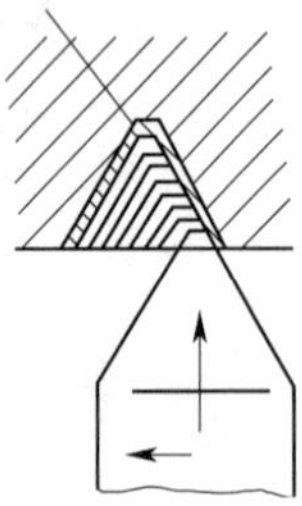		

8）填写低速车削 M24×1.5 螺纹时的进给次数表。

低速车削 M24×1.5 螺纹进给次数表

进给数	M24×1.5		
	中滑板进刀格数	小滑板赶刀格数	
		左	右
	螺纹深度 =　　　mm		

9）低速车削 M24×1.5 螺纹进给次数表中，小滑板有无左右赶刀？为什么？

10）看图填写完整如何开倒顺车法车削三角螺纹。

开倒顺车法车削三角螺纹

加工步骤	图例或说明	
步骤 1		

续表

加工步骤	图例或说明	
步骤 2		
步骤 3	向上提起操纵杆手柄，将床鞍停留到初始位置	
步骤 4	重复步骤 1、2、3	

11）车削螺纹过程中中途需更换螺纹车刀时，需不需要重新对刀？如何安装？

（6）精车 ϕ37 mm 外圆。

（7）精车 ϕ29 mm 外圆。

（8）粗精车圆弧面。

3. 掉头（加工左端）。

（1）取总长。

（2）粗、精车圆锥面。

二、填写工序卡片

螺纹轴加工工序卡片	产品型号		零件图号						
	产品名称		零件名称		共		页	第	页

	车间	工序号	工序名称	材料牌号
	毛坯种类	毛坯外形尺寸	每毛坯可制件数	每台件数
	设备名称	设备型号	设备编号	同时加工件数

	夹具编号	夹具名称	切削液	
	工位器具编号	工位器具名称	工序工时（分）	
			准终	单件

工步号	工步内容	工艺装备	主轴转速 r/min	切削速度 m/min	进给量 mm/r	背吃刀量 mm	进给次数	工步工时	
								机动	辅助

	设计（日期）	校对（日期）	审核（日期）	标准化（日期）	会签（日期）

三、填写领料单

领料单

填表日期：　年　月　日　　　　　　　　发料日期：　年　月　日

<table>
<tr><td>领料部门</td><td></td><td>产品名称及数量</td><td colspan="4"></td></tr>
<tr><td>领料单号</td><td></td><td>零件名称及数量</td><td colspan="4"></td></tr>
<tr><td rowspan="2">材料名称</td><td rowspan="2">材料规格及型号</td><td rowspan="2">单位</td><td colspan="2">数量</td><td rowspan="2">单价</td><td rowspan="2">总价</td></tr>
<tr><td>请领</td><td>实发</td></tr>
<tr><td></td><td></td><td></td><td></td><td></td><td></td><td></td></tr>
<tr><td>材料说明用途</td><td>材料仓库</td><td>主管</td><td>发料数量</td><td>领料部门</td><td>主管</td><td>领料数量</td></tr>
<tr><td></td><td></td><td></td><td></td><td></td><td></td><td></td></tr>
</table>

四、填写工、量、刃具清单

工、量、刃具清单

序号	工、量、刃具名称	规格	数量	需领用

操作提示

车削螺纹的注意事项

1. 车削螺纹前，应首先调整好床鞍和中滑板、小滑板的松紧程度及开合螺母间隙。
2. 调整进给箱手柄时，车床在低速下操作或停机用手拨动卡盘。
3. 车削螺纹时思想要集中。特别是初学者在开始练习时，主轴转速不宜过高，待操作熟练后，逐步提高主轴转速，最终达到能高速车削普通螺纹。

4. 车削螺纹时，应注意不可将中滑板手柄多摇一圈，否则会造成车刀刀尖崩刃或损坏工件。

5. 车削螺纹过程中，不准用手摸或用棉纱去擦螺纹，以免伤手。

6. 车削螺纹时，应始终保持螺纹车刀锋利。中途换刀或刃磨后重新装刀，必须重新调整螺纹车刀刀尖的高低再次对刀。

7. 出现积屑瘤时应及时清除。

8. 车削无退刀槽螺纹时，应保证每次收尾均在1/2圈左右，且每次退刀位置大致相同，否则容易损坏螺纹车刀刀尖。

9. 车削脆性材料螺纹时，背吃刀量不宜过大，否则会使螺纹牙尖爆裂，造成废品。低速精车螺纹时，最后几刀采取微量进给或无进给车削，以车光螺纹侧面。

五、完成螺纹轴的车削

1. 在车床上完成螺纹轴的车削，并将加工过程中出现的问题记录下来。

2. 加工完毕后，按照图样要求进行自检，正确放置零件，并进行产品交接确认；按照国家环保相关规定和车间要求，整理现场，正确处置废油液等废弃物；按车间规定填写交接班记录（见附表1）。

3. 螺纹轴加工完成后要对车床进行保养，根据车床保养的实际情况填写设备日常保养记录卡（见附表2）。

学习活动3　螺纹轴的测量及误差分析

学习目标

1. 能准确规范地测量螺纹轴零件的尺寸。

2. 能根据螺纹轴的测量结果，分析形状和位置误差产生的原因。

3. 能正确规范地使用工、量具，并对其进行合理保养和维护。

4. 能规范填写螺纹轴几何误差测量报告。

5. 能主动获取有效信息，并能与他人良好合作，进行有效的沟通。

6. 能按要求正确规范地完成本次学习活动工作页的填写。

建议学时：4学时。

学习过程

一、对工件进行检测，并将检测结果填写在检测结果表中

螺纹轴零件测量结果表

序号	考核项目	考核内容及要求	配分		评分标准	检验结果		得分
			IT	*Ra*		IT	*Ra*	
1	外圆	$\phi37_{-0.02}^{0}$ mm	5	2	超差不得分			
2		$\phi29_{-0.02}^{0}$ mm	5	2	超差不得分			
3		$\phi18_{-0.05}^{0}$ mm	5	2	超差不得分			
4		$\phi29$ mm	3		超差不得分			

续表

序号	考核项目	考核内容及要求	配分 IT	配分 Ra	评分标准	检验结果 IT	检验结果 Ra	得分
5	长度	65 ±0.05 mm 28 ±0.05 mm	5	5	超差不得分			
6		5 mm（两处） 14 mm 18 mm 6.5 mm	5		超差不得分			
7	几何公差	◎ ϕ0.04 A	8		超差不得分			
8		⌓ 0.04	6	2	超差不得分			
9	螺纹	M24 ×1.5 –6 g	7	2	超差不得分			
10	锥度	◁1∶5	5	2	超差不得分			
11	倒角	4 处倒角	4		超差不得分			
12	表面粗糙度	其余 5 处	5		超差不得分			
13	工具、设备的使用与维护	正确、规范使用工、量、刃具，合理保养及维护工、量、刃具	10		不符合要求扣 1 ~10 分			
		正确、规范使用设备，合理保护及维护设备			不符合要求扣 1 ~10 分			
		操作姿势、动作正确			不符合要求扣 1 ~10 分			
14	安全与其他	安全文明生产，按国家颁布的有关法规或企业自定的有关规定	10		一项不符合要求扣 2 分，发生较大事故者取消考试资格			
		操作、工艺规范正确			一处不符合扣 2 分			
		工件各表面无缺陷			不符合要求扣 1 ~8 分			

注：时间定额为 210 min；超过 10 min 扣 10 分；超过 30 min 不合格。

二、螺纹轴几何误差的测量和分析

螺纹轴零件同轴度误差分析表

测量内容	螺纹轴同轴度	零件名称	
测量工具和仪器		测量人员	
班　　级		日　　期	

一、测量目的：

二、测量步骤：

三、测量要领：

四、结论（误差分析）：

螺纹轴零件面轮廓度误差分析表

测量内容	面轮廓度	零件名称	
测量工具和仪器		测量人员	
班　　级		日　　期	

一、测量目的：

二、测量步骤：

三、测量要领：

四、结论（误差分析）：

三、根据检测结果进一步分析车削螺纹时产生废品的原因及预防措施

废品种类	产生原因（列举至少两种）	预防措施
螺距不正确		
牙型不正确		
表面粗糙度差		

学习活动4　工作总结与评价

学习目标

1. 能按分组情况，分别派代表展示工作成果，说明本次任务的完成情况，并作分析总结。

2. 能结合自身任务完成情况，正确规范撰写工作总结（心得体会）。

3. 能就本次任务中出现的问题提出改进措施。

4. 能对学习与工作进行反思总结，并能与他人开展良好合作，进行有效的沟通。

5. 能按要求正确规范地完成本次学习活动工作页的填写。

建议学时：6学时。

学习过程

一、展示评价

把个人制作好的螺纹轴先进行分组展示，再由小组推荐代表作必要的介绍。在展示的过程中，以组为单位进行评价；评价完成后，根据其他组成员对本组展示成果的评价意见进行归纳总结。完成如下项目：

1. 展示的螺纹轴符合技术标准吗？

合格□　　不良□　　返修□　　报废□

2. 与其他组相比，本小组的螺纹轴工艺你认为：

工艺优化□　　工艺合理□　　工艺一般□

3. 本小组介绍成果表达是否清晰?

很好□　　一般，常补充□　　不清晰□

4. 本小组演示螺纹轴检测方法操作正确吗?

正确□　　部分正确□　　不正确□

5. 本小组演示操作时遵循了“5S”的工作要求吗?

符合工作要求□　　忽略了部分要求□　　完全没有遵循□

6. 本小组的成员团队创新精神如何?

良好□　　一般□　　不足□

二、自评总结（心得体会）

三、教师对展示的作品分别作评价

1. 找出各组的优点点评。
2. 对任务完成过程中各组的缺点进行点评，提出改进方法。
3. 对整个任务完成中出现的亮点和不足进行点评。

评价与分析

任务评价表

班级________学生姓名________学号________

项目	自我评价			小组评价			教师评价		
	10～9	8～6	5～1	10～9	8～6	5～1	10～9	8～6	5～1
	占总评 10%			占总评 30%			占总评 60%		
学习活动 1									
学习活动 2									
学习活动 3									
学习活动 4									
表达能力									
协作精神									
纪律观念									
工作态度									
任务总体表现									
小计分									
总评分									

任课教师：　　　　年　　月　　日

学习任务五　车削螺纹套

学习目标

1. 能根据螺纹套零件图样，描述所加工螺纹套零件的用途、功能。

2. 能正确识读图样，并正确编写螺纹套工艺卡。

3. 能规范绘制内螺纹图样。

4. 能对内螺纹各部分尺寸进行正确的计算。

5. 能正确选择螺纹车刀的材料和结构形式，能正确选择各种工、量具。

6. 能根据加工要求正确刃磨安装内螺纹车刀，并合理使用。

7. 能对内螺纹进行规范地车削。

8. 能正确使用螺纹塞规对螺纹套的内螺纹进行质量判定。

9. 能主动获取有效信息，展示工作成果，对学习与工作进行反思总结，能与他人合作，进行有效沟通。

建议学时

40 学时。

工作情境描述

某企业一批机器设备的单向阀中螺纹套零件因长期使用，现需同时更换。现生产部门委托我车工组来完成加工任务，加工数量为 30 件，工期为 10 天，包工包料，零件尺寸见图样。

工作流程与活动

1. 螺纹套的工艺分析（10 学时）
2. 螺纹套的加工（20 学时）
3. 螺纹套的测量及误差分析（4 学时）
4. 工作总结与评价（6 学时）

学习活动1　螺纹套的工艺分析

学习目标

1. 能明确螺纹套工作任务单的工期、材料等相关要求。
2. 能查阅相关资料，正确分析螺纹套图样。
3. 能表述螺纹套的功能、用途。
4. 能规范绘制内螺纹的图样。
5. 能对内螺纹各部分尺寸进行正确的计算。
6. 能合理选择加工螺纹套的各种工具、量具和刃具。
7. 能正确选择内螺纹车刀的材料和结构形式。
8. 能规范填写加工工艺卡。
9. 能按要求正确规范地完成本次学习活动工作页的填写。

建议学时：10 学时。

学习过程

一、领取生产任务单，明确加工任务

生产任务单

需方单位名称		×××企业		完成日期	年　月　日
序号	产品名称	材料	数量	技术标准、质量要求	
1	螺纹套	45 钢	30 件	按图样要求	
2					
3					

续表

需方单位名称		×××企业		完成日期	年 月 日	
序号	产品名称	材料	数量	技术标准、质量要求		
4						
生产批准时间		年 月 日	批准人			
通知任务时间		年 月 日	发单人			
接单时间		年 月 日	接单人		生产班组	车工组

1. 本生产任务需要加工的零件名称为：________________；

材料：________________；加工数量：________________。

2. 本生产任务加工周期为 10 天，试问你们小组准备如何分配任务完成零件的加工？

3. 列举螺纹套的主要应用场合及所起作用。

二、识读零件图

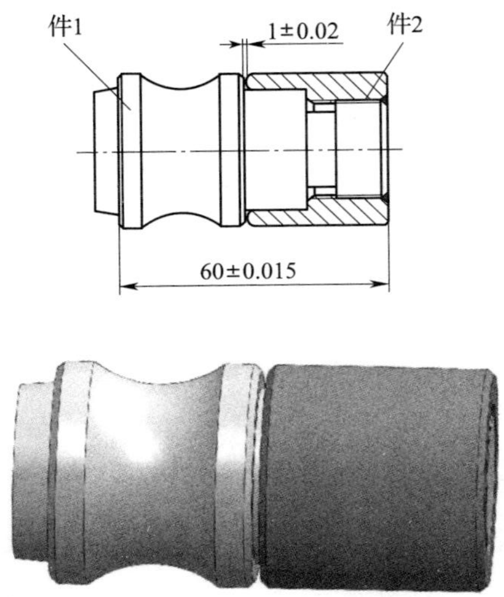

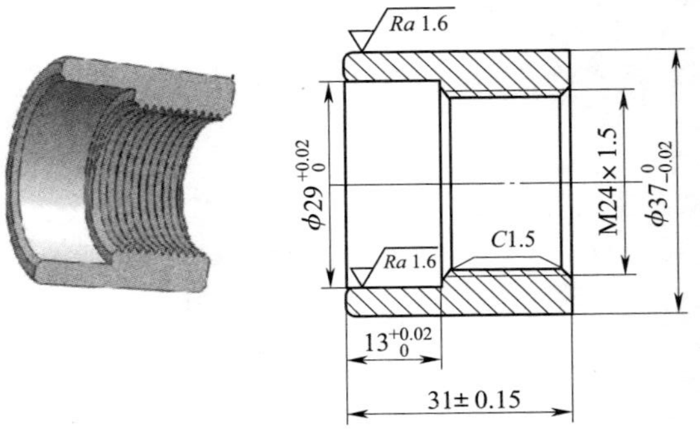

件1、件2配合后

件1　件2

1±0.02

60±0.015

Ra 1.6

Ra 1.6

$\phi 29^{+0.02}_{0}$

C1.5

M24×1.5

$\phi 37^{0}_{-0.02}$

$13^{+0.02}_{0}$

31±0.15

技术要求

1. 未注公差按IT14检测。
2. 未注倒角C1，锐边去毛刺。

$\sqrt{Ra\ 3.2}$ ($\sqrt{}$)

制图		年　月　日	材料	45钢	××企业
校核			比例	1:1	螺纹套
审核			共 1张	第1 张	5-1

零件普通车床加工（二）

1．图样中螺纹套零件（件2）和前一任务中的螺纹轴零件（件1）在形状和结构上有何异同?

2．查阅资料，叙述内螺纹的功能、主要用途和分类。

3．分析螺纹套图样，并把车削的尺寸列出来。

4．分析螺纹套图样后，指出图样是要车削哪一种类的内螺纹?其大径、中径、小径各为多少?

5. 加工本产品的内螺纹时，应如何确定内孔直径？如果是脆性材料，内孔又如何确定？

6. 螺纹套中的 ϕ29 mm 内孔在加工过程中除了保证尺寸公差 0.02 mm 外，还要保证什么精度？

7. 根据图样要求，加工螺纹套时，如何保证 1 ±0.02 mm、60 ±0.015 mm 的配合尺寸？

8. 加工螺纹套时，螺纹孔口倒角多大？

9. 在以下位置按1∶1比例抄绘螺纹套零件图（件2），并完成装配图的绘制。

三、选择加工本任务螺纹套零件所需的工、量、刃具

1. 写出加工本任务螺纹套零件所需的工具名称及其规格。

项目	名　称	规　格
工具		

2. 写出加工本任务螺纹套零件所需的量具名称及其规格。

项目	名　称	规　格
量具		

（1）加工该任务螺纹套零件用到哪些新的量具?

（2）结合前面学习过的螺纹套规，说说螺纹塞规如何使用?

螺纹塞规

3. 列出加工该螺纹套零件所需的刃具名称和规格。

项目	名　称	规　格
刃具		

（1）准备选择什么材料的内三角螺纹车刀？这种材料有什么特点？

（2）绘出要刃磨的内三角螺纹车刀的形状及几何角度。

（3）描述内三角螺纹车刀的刃磨要求和刃磨步骤。

（4）刃磨加工本任务所需的内三角螺纹车刀，并将刃磨过程中出现的问题记录下来。

操作提示

1. 磨刀时，人的站立位置要正确，特别在刃磨整体式内螺纹车刀内侧刀刃时，不小心就会使刀尖角磨歪。

2. 刃磨高速钢车刀时，宜选用80#氧化铝砂轮，磨刀时压力应小于一般车刀，并及时蘸水冷却，以免因过热而使刀刃硬度降低。

3. 粗磨时也要用样板检查刀尖角，若磨有纵向前角的螺纹车刀，粗磨后的刀尖角略大于牙型角，待磨好前角后再修正刀尖角。

4. 刃磨螺纹车刀的刀刃时，要稍带移动，这样容易使刀刃平直。

5. 车刀刃磨时应注意安全。

（5）描述正确检测内三角螺纹车刀的过程，以及需要注意的事项。

四、填写工艺卡

螺纹套加工工艺卡

(单位名称)	加工工艺卡	产品名称	单向阀		图号		5 - 1	
		零件名称	螺纹套		数量		30	第 1 页
材料种类	45 钢	材料成分	碳钢	毛坯尺寸				共 1 页
工序号	工序内容	车间	设备	夹具	量具	刃具	计划工时	实际工时
更改号		拟定		校正		审核		批准
更改者								
日　期								

学习活动2　螺纹套的加工

学习目标

1. 能按螺纹套的图样要求，测量毛坯外形尺寸，判断毛坯是否有足够的加工余量。

2. 能合理安装内螺纹车刀。

3. 能根据工艺要求，合理车削螺纹套。

4. 能根据刀具材料合理选择车削螺纹的转速。

5. 能合理计算车削内螺纹的切削深度。

6. 能正确检测内外螺纹配合尺寸。

7. 能按车间现场管理和产品工艺流程的要求，正确放置螺纹套零件并进行质量检验和确认。

建议学时：20学时。

学习过程

一、制定加工步骤

下表是螺纹套车削工艺表，根据表中的车削步骤及图例，填写完整下面螺纹套的车削内容。

螺纹套车削工艺表

车削步骤	车削内容	图例
（1）毛坯伸出三爪自定心卡盘	1）将________手柄置于空挡，用卡盘轻轻夹住毛坯外圆，校正后夹紧	

续表

车削步骤	车削内容	图例
约 15 mm，校正，进行钻孔	2）将________ mm 钻头装到尾座套筒。把________靠近工件的右端面 3）用手轻拨卡盘使其缓慢转动，将变速手柄拨到________ r/min 4）用手________转动________进行钻孔	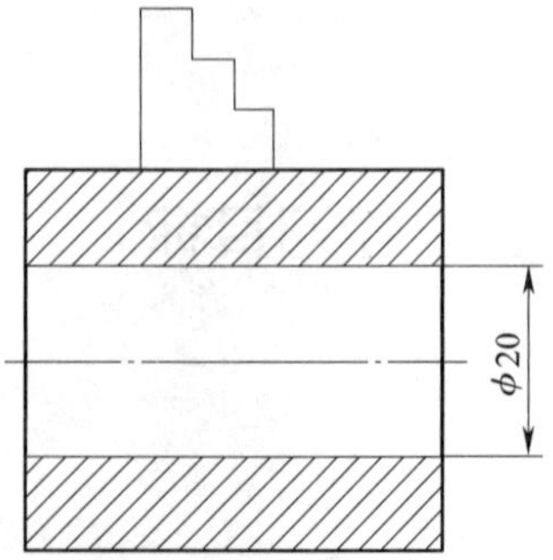 $\phi 20$
（2）车装夹外圆	1）将转速调至________ 2）用________车削工件端面，用________外圆车至 $\phi 38$ mm × 10 mm	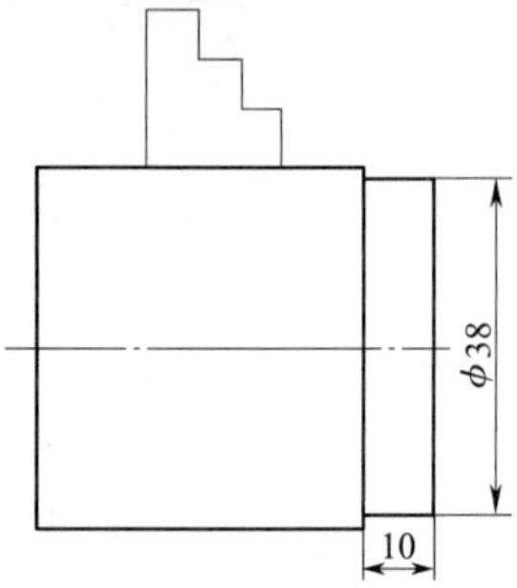 $\phi 38$ 10
（3）掉头，车削外圆和内孔	1）夹________外圆，伸出约 35 mm，校正夹紧 2）用______车削 $\phi 22.5$ mm 和______的内孔 3）用________车削________外圆	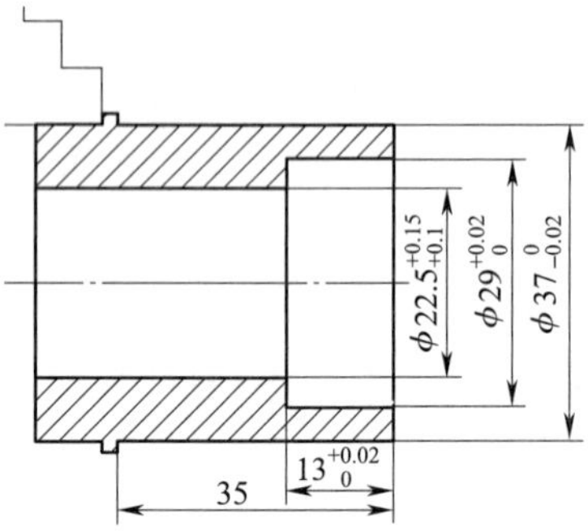 $\phi 22.5^{+0.15}_{+0.1}$ $\phi 29^{+0.02}_{0}$ $\phi 37^{0}_{-0.02}$ $13^{+0.02}_{0}$ 35
（4）倒角	将转速调整到________进行倒角	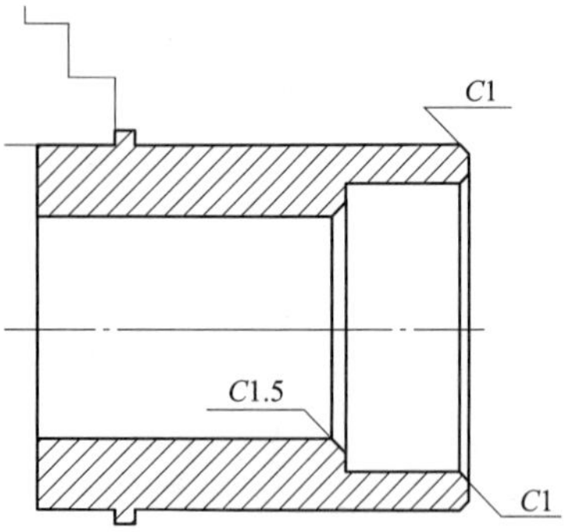 C1 C1.5 C1

续表

车削步骤	车削内容	图例
（5）安装内三角螺纹车刀	1）将内三角螺纹车刀伸出__________，用________进行对刀，将其正确安装在刀架中 2）注意内三角螺纹车刀以________为基准对工件的中心高	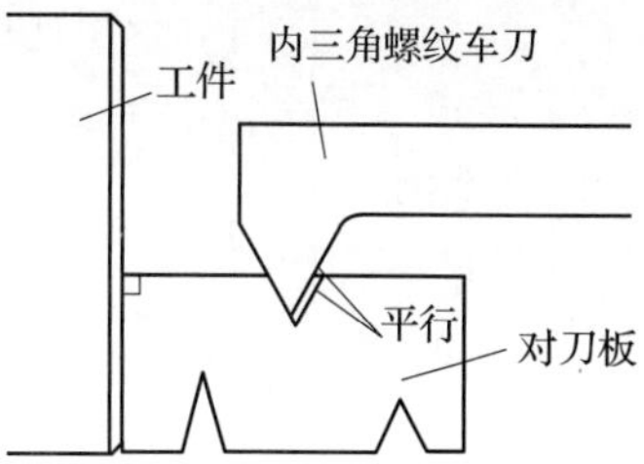 工件 内三角螺纹车刀 平行 对刀板
（6）车内三角螺纹 M24×1.5	1）关闭车床总电源，检查________的挂轮是否符合位置 2）将卡盘转速调整到________ r/min。 3）将________的手柄拨到螺距为________的位置 4）内螺纹车刀的刀尖轻轻靠近内孔________表面，然后看________的数据位置。再将刀具移至工件的右端面，把溜板箱的________上挡 5）中滑板进________，提起操纵杆，进行车削内螺纹的第一刀。反车退出刀具后，进行检查________ 6）中滑板经过________次进刀，共进________ mm 7）利用________进行检查，通规能进的代表________；止规能进的代表________	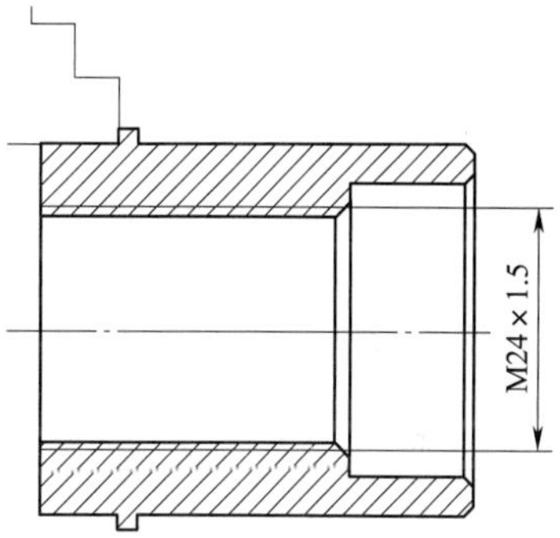 M24×1.5
（7）切断	用________车刀取________进行切断	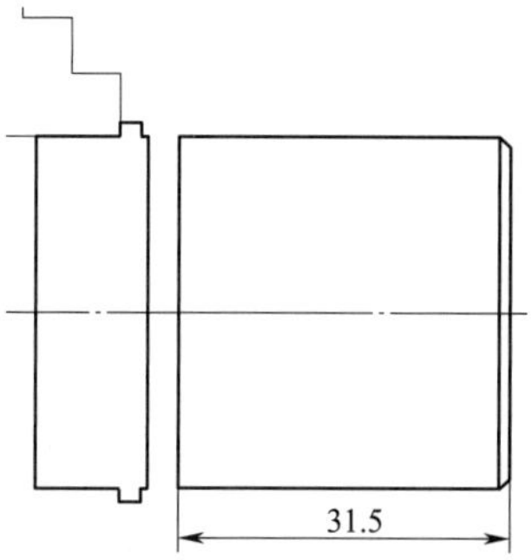 31.5

续表

车削步骤	车削内容	图例
（8）掉头倒角	1）将工件掉头，约伸出________ mm，校正后夹紧 2）车端面并保证总长________ mm 3）用________进行倒角________	
（9）倒角 *C*1	用________进行倒角________	*C*1 31 ± 0.15

二、填写工序卡片

螺纹套零件加工工序卡

<table>
<tr><td rowspan="2">螺纹套零件加工工序卡片</td><td>产品型号</td><td></td><td>零件图号</td><td></td><td colspan="6"></td></tr>
<tr><td>产品名称</td><td></td><td>零件名称</td><td></td><td>共</td><td></td><td>页</td><td>第</td><td></td><td>页</td></tr>
<tr><td rowspan="7" colspan="2"></td><td>车间</td><td>工序号</td><td>工序名称</td><td colspan="6">材料牌号</td></tr>
<tr><td></td><td></td><td></td><td colspan="6"></td></tr>
<tr><td>毛坯种类</td><td>毛坯外形尺寸</td><td>每毛坯可制件数</td><td colspan="6">每台件数</td></tr>
<tr><td></td><td></td><td></td><td colspan="6"></td></tr>
<tr><td>设备名称</td><td>设备型号</td><td>设备编号</td><td colspan="6">同时加工件数</td></tr>
<tr><td></td><td></td><td></td><td colspan="6"></td></tr>
<tr><td colspan="2">夹具编号</td><td colspan="2">夹具名称</td><td colspan="5">切削液</td></tr>
</table>

续表

螺纹套零件加工工序卡片	产品型号		零件图号						
	产品名称		零件名称		共		页	第		页

	工位器具编号	工位器具名称	工序工时（分）	
			准终	单件

工步号	工步内容	工艺装备	主轴转速 r/min	切削速度 m/min	进给量 mm/r	背吃刀量 mm	进给次数	工步工时	
								机动	辅助

	设计（日期）	校对（日期）	审核（日期）	标准化（日期）	会签（日期）

三、填写领料单

领料单

填表日期： 年 月 日　　　　发料日期： 年 月 日

<table>
<tr><td>领料部门</td><td></td><td>产品名称及数量</td><td colspan="4"></td></tr>
<tr><td>领料单号</td><td></td><td>零件名称及数量</td><td colspan="4"></td></tr>
<tr><td rowspan="2">材料名称</td><td rowspan="2">材料规格及型号</td><td rowspan="2">单位</td><td colspan="2">数量</td><td rowspan="2">单价</td><td rowspan="2">总价</td></tr>
<tr><td>请领</td><td>实发</td></tr>
<tr><td></td><td></td><td></td><td></td><td></td><td></td><td></td></tr>
<tr><td>材料说明用途</td><td>材料仓库</td><td>主管</td><td>发料数量</td><td>领料部门</td><td>主管</td><td>领料数量</td></tr>
<tr><td></td><td></td><td></td><td></td><td></td><td></td><td></td></tr>
</table>

领取材料时测量毛坯尺寸了吗？有足够余量加工螺纹套吗？

四、填写工、量、刃具清单

工、量、刃具清单

序号	工、量、刃具名称	规格	数量	需领用

五、完成螺纹套的车削

1. 认真阅读下面的操作提示，在车床上完成螺纹套的车削，并将加工过程中出现的问题和自己的心得记录下来。

操作提示

(1) 内螺纹车刀的两刀刃要刃磨平直，否则会使车出的螺纹牙型侧面不直，影响螺纹精度。

(2) 车刀的刀头不能太窄，否则螺纹已车到规定深度，而中径尚未达到要求尺寸。

(3) 由于车刀刃磨不正确或由于装刀歪斜，会使车出的内螺纹一面正好用塞规拧进，另一面则拧不进或配合过松。

(4) 车刀刀尖要对准工件中心。如车刀装得高，车削时引起振动，使工件表面产生鱼鳞斑现象。如车刀装得低，刀头下部会与工件发生摩擦，车刀切不进去。

(5) 内螺纹车刀刀杆不能选择得太细，否则由于切削力的作用，引起振颤和变形，出现“扎刀”“啃刀”“让刀”和发出不正常的声音和震纹等现象。

(6) 用螺纹塞规检查，过端应全部拧进，感觉松紧适当；止端拧不进。检查不通孔螺纹，过端拧进的长度应达到图样要求的长度。

2. 加工完毕后，按照图样要求进行自检，正确放置零件，并进行产品交接确认；按照国家环保相关规定和车间要求，整理现场，正确处置废油液等废弃物；按车间规定填写交接班记录（见附表1）。

3. 螺纹套加工完成后要对车床进行保养，请根据车床保养的实际情况填写设备日常保养记录卡（见附表2）。

学习活动 3　螺纹套的测量及误差分析

学习目标

1. 能对自己完成的螺纹套进行正确检测。

2. 能根据自己车削螺纹套的结果，分析质量问题产生的原因，并进行表述。

3. 能根据自己车削的螺纹套配合情况，判断产品的合格性。

4. 能主动获取有效信息，展示工作成果，对学习与工作进行反思总结，并能与他人良好合作，进行有效的沟通。

5. 能按要求正确规范地完成本次学习活动工作页的填写。

建议学时：4 学时。

学习过程

一、对工件进行检测，并将检测结果填写在检测结果表中

螺纹套零件质量检验单

序号	检测内容	检测项目及分值				测量情况	
		检测项目	配分 IT	配分 Ra	评分标准	检测结果	得分
1	主要尺寸	$\phi37_{-0.02}^{0}$ mm，$Ra1.6$ μm	10	5	超差不得分		
		$\phi29_{0}^{+0.02}$ mm，$Ra1.6$ μm	10	5	超差不得分		

续表

序号	检测内容	检测项目及分值			测量情况	
		检测项目	配分 IT Ra	评分标准	检测结果	得分
1	主要尺寸	$13^{+0.02}_{0}$ mm	7	超差不得分		
		31 ±0.15 mm	7	超差不得分		
	M24×1.5 螺纹	M24×1.5	20	超差不得分		
		*C*1.5　2处	4	超差不得分		
2	倒角	*C*1　3处	3	超差不得分		
3	其他	*Ra*1.6 μm　2处	5　5	超差不得分		
		*Ra*3.2 μm	3	超差不得分		
4	配合尺寸	1 ±0.02 mm	8	超差不得分		
		60 ±0.015 mm	8	超差不得分		
总分			100			

二、分析螺纹套误差产生的原因，讨论解决措施

三、螺纹套零件（件2）与螺纹轴零件（件1）配合后，用什么量具测量1 ±0.02 mm、60 ±0.015 mm，如何判断其配合尺寸的合格性

学习活动 4　工作总结与评价

学习目标

1. 能按分组情况，分别派代表展示工作成果，说明本次任务的完成情况，并分析总结。

2. 能结合自身任务完成情况，正确规范撰写工作总结（心得体会）。

3. 能就本次任务中出现的问题提出改进措施。

4. 能对学习与工作进行反思总结，并能与他人开展良好合作，进行有效的沟通。

5. 能按要求正确规范地完成本次学习活动工作页的填写。

建议学时：6 学时。

学习过程

一、展示评价

把个人制作好的螺纹套先进行分组展示，再由小组推荐代表作必要的介绍。在展示的过程中，以组为单位进行评价；评价完成后，根据其他组成员对本组展示成果的评价意见进行归纳总结。完成如下项目：

1. 展示的螺纹套符合技术标准吗？

合格□　　不良□　　返修□　　报废□

2. 与其他组相比，本小组的螺纹套工艺你认为：

工艺优化□　　工艺合理□　　工艺一般□

3. 本小组介绍成果表达是否清晰?

很好□ 一般，常补充□ 不清晰□

4. 本小组演示螺纹套检测方法操作正确吗?

正确□ 部分正确□ 不正确□

5. 本小组演示操作时遵循了“5S”的工作要求吗?

符合工作要求□ 忽略了部分要求□ 完全没有遵循□

6. 本小组的成员团队创新精神如何?

良好□ 一般□ 不足□

二、自评总结（心得体会）

三、教师对展示的作品分别作评价

1. 找出各组的优点点评。
2. 对任务完成过程中各组的缺点进行点评，提出改进方法。
3. 对整个任务完成中出现的亮点和不足进行点评。

评价与分析

任务评价表

班级：________________学生姓名：________________学号：______________

项目	自我评价			小组评价			教师评价		
	10 ~ 9	8 ~ 6	5 ~ 1	10 ~ 9	8 ~ 6	5 ~ 1	10 ~ 9	8 ~ 6	5 ~ 1
	占总评 10%			占总评 30%			占总评 60%		
学习活动 1									
学习活动 2									
学习活动 3									
学习活动 4									
表达能力									
协作精神									
纪律观念									
工作态度									
任务总体表现									
小计分									
总评分									

任课教师：　　　　　　　　年　　　月　　　日

学习任务六　车削螺旋式千斤顶

1. 能根据千斤顶图样描述螺旋式千斤顶的功能、应用场合。

2. 能查阅相关技术资料，小组讨论，制定出合理的螺旋式千斤顶加工工艺。

3. 能根据零件结构特点，正确选择丝锥和板牙。

4. 能根据加工工艺，独立完成千斤顶的攻螺纹和套螺纹工作。

5. 能正确地对螺旋式千斤顶进行质量检验，并能根据螺旋式千斤顶的测量结果分析几何公差产生的原因及解决措施。

6. 能正确完成工作页内容的填写。

7. 能按车间现场管理和产品工艺流程的要求，清理场地、归置物品，保养设备并填写保养记录，规范填写交接班记录表。

80 学时。

某企业定制一批螺旋式千斤顶，数量为 120 件，工期为 20 天，包工包料，零件尺寸见图样。现生产部门委托我车工组来完成加工任务。

工作流程与活动

1. 螺旋式千斤顶的工艺分析（20 学时）
2. 螺旋式千斤顶的加工（48 学时）
3. 螺旋式千斤顶的测量及误差分析（6 学时）
4. 工作总结与评价（6 学时）

学习活动1 螺旋式千斤顶的工艺分析

学习目标

1. 能查阅相关资料，正确表述螺旋式千斤顶的功能、作用和工作原理。

2. 能正确分析螺旋式千斤顶的图样，规范填写加工工艺卡。

3. 能绘制简单零件的剖面图。

4. 能正确领会螺旋式千斤顶尺寸公差和几何公差的含义，并分析加工中的注意事项。

5. 能正确领会套螺纹、攻螺纹的概念，并能正确选用丝锥和板牙。

6. 能合理确定加工螺旋式千斤顶零件所需的工具、量具和刃具。

7. 能按要求正确规范地完成本次学习活动工作页的填写。

建议学时：20学时。

学习过程

一、领取生产任务单，明确加工任务

生产任务单

需方单位名称		×××企业		完成日期	年 月 日
序号	产品名称	材料	数量	技术标准、质量要求	
1	螺旋式千斤顶	45钢	120件	按图样要求	
2					

续表

需方单位名称		×××企业		完成日期	年　月　日	
序号	产品名称	材料	数量	技术标准、质量要求		
3						
4						
生产批准时间		年　月　日	批准人			
通知任务时间		年　月　日	发单人			
接单时间		年　月　日	接单人		生产班组	车工组

1. 本生产任务需要加工的零件名称为：__________________；材料：______________；加工数量：______________。

2. 本生产任务加工周期为 20 天，试问你们小组准备如何分配任务完成零件的加工？

二、识读螺旋式千斤顶图样

螺旋式千斤顶图样

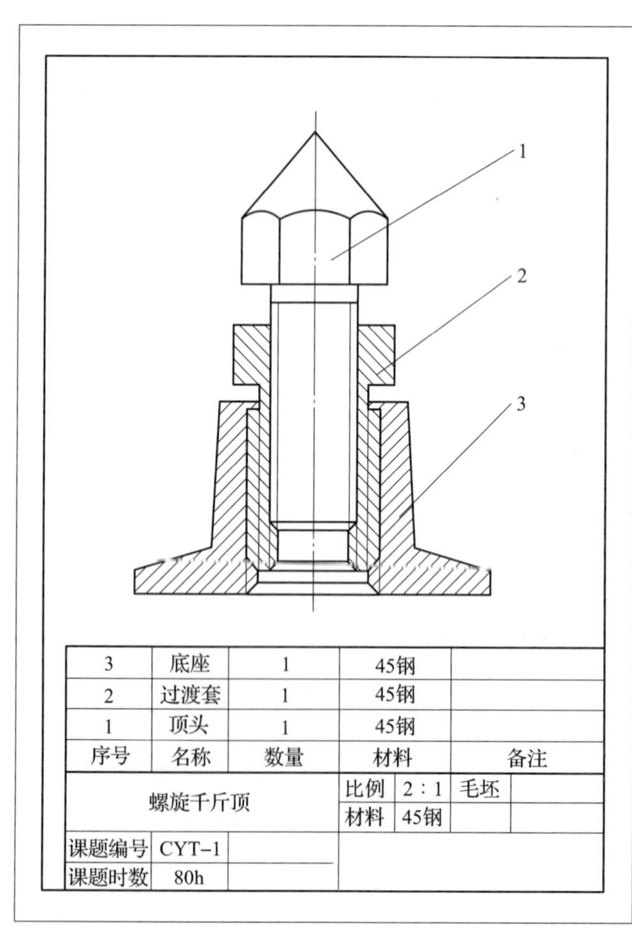

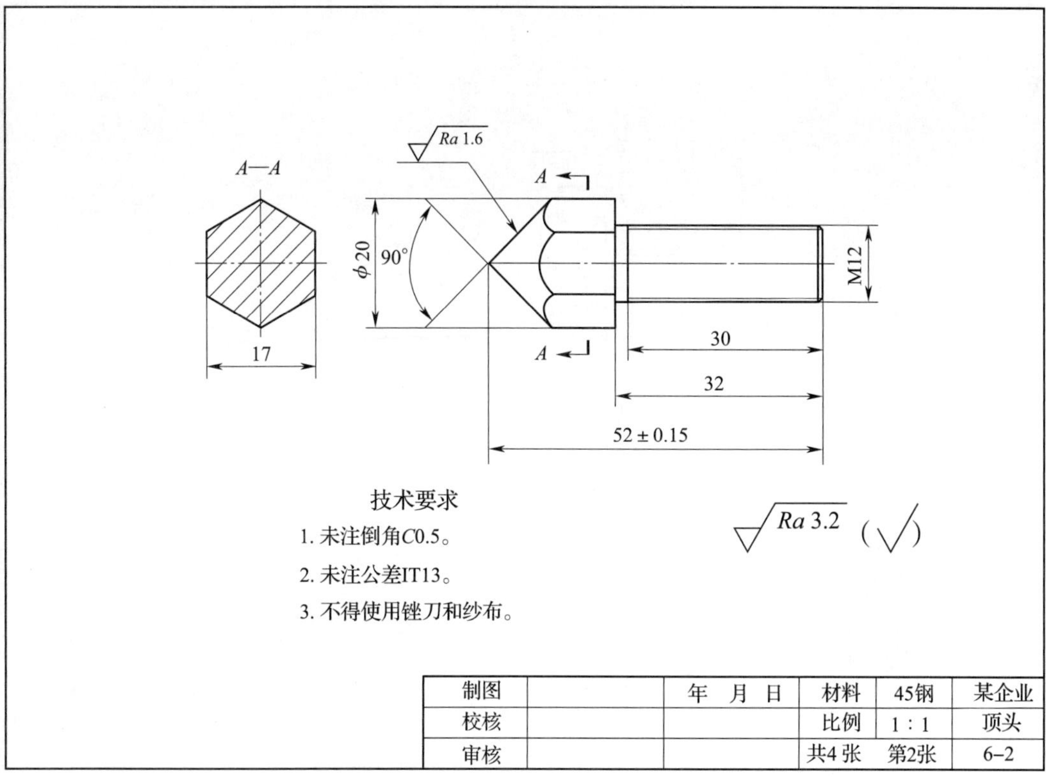

技术要求

1. 未注倒角C0.5。
2. 未注公差IT13。
3. 不得使用锉刀和纱布。

制图		年　月　日	材料	45钢	某企业
校核			比例	1∶1	顶头
审核			共4 张	第2张	6–2

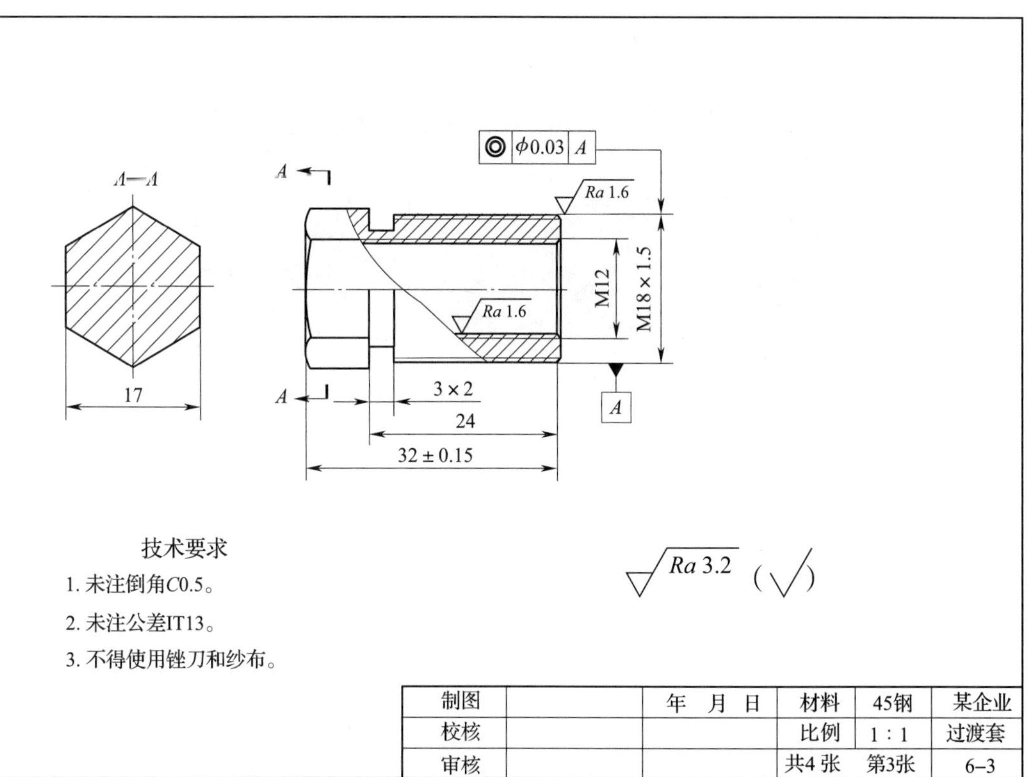

技术要求

1. 未注倒角C0.5。
2. 未注公差IT13。
3. 不得使用锉刀和纱布。

制图		年　月　日	材料	45钢	某企业
校核			比例	1∶1	过渡套
审核			共4 张	第3张	6–3

6-1-4 零件普通车床加工（二）

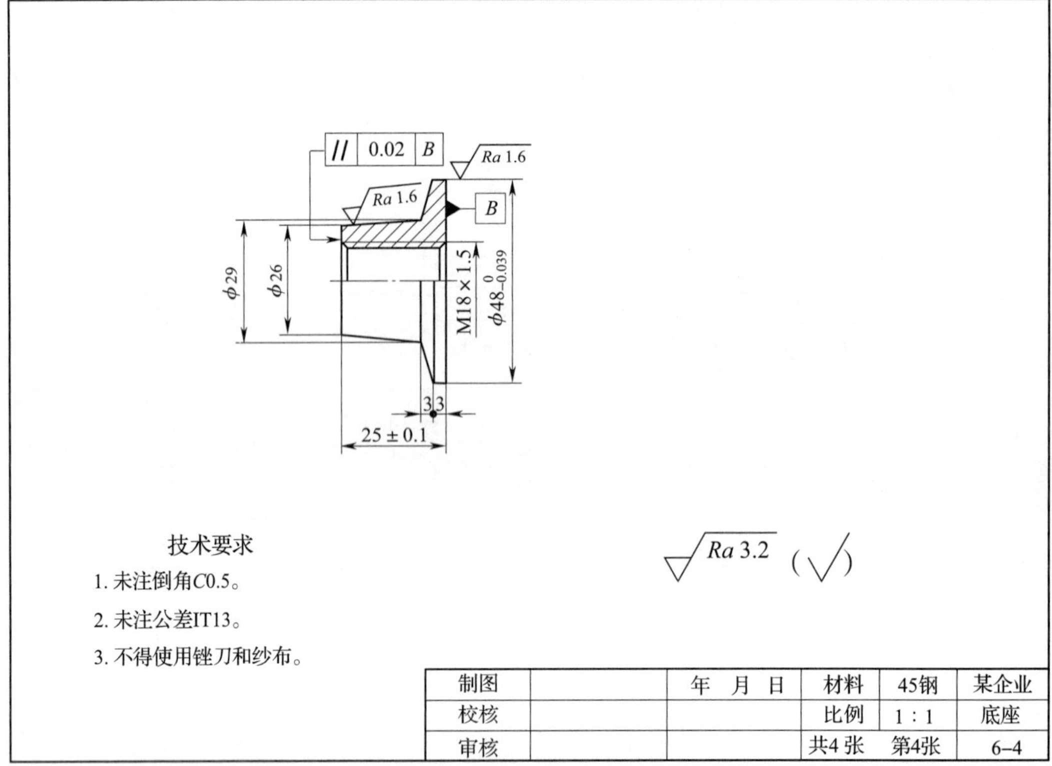

1．图样中螺旋式千斤顶由哪几个零件组成?

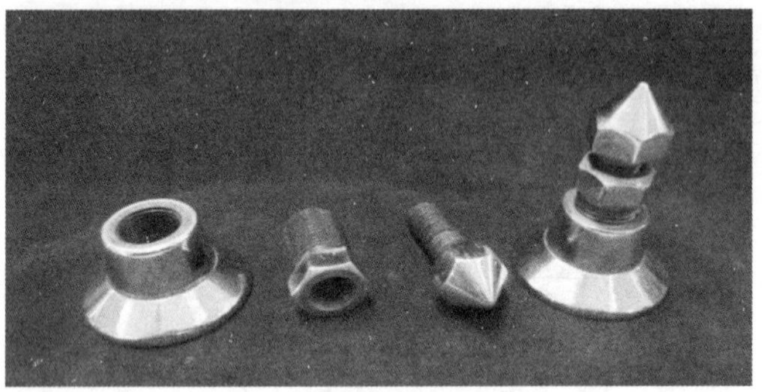

2．查阅资料，叙述千斤顶的主要用途和分类。

3．观察下图并查阅资料，叙述不同种类千斤顶的工作原理。

（1）机械式千斤顶的工作原理：

机械式千斤顶

（2）液压式千斤顶的工作原理：

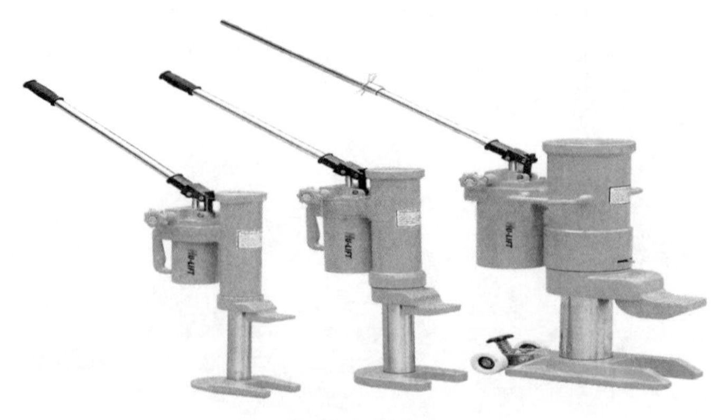

液压式千斤顶

4．在以下位置用 1∶1 比例抄画顶头零件图。

5. 在以下位置用 1∶1 比例抄画过渡套零件图。

6. 在以下位置用 1∶1 比例抄画底座的零件图。

7. 在以下位置用 1:1 比例抄画螺旋式千斤顶的装配图。

8. 分别描述识读零件图、装配图的方法和步骤。

（1）识读零件图的方法和步骤。

（2）识读装配图的方法和步骤。

9. 说说螺旋式千斤顶图样中有关几何公差的含义。

（1）说明以下几何公差在过渡套零件图中的具体含义。

◎	$\phi 0.03$	A

（2）说明以下几何公差在底座零件图中的具体含义。

//	0.02	B

（3）为保证以上两种几何公差，在加工时应采取怎样的加工工艺?

10. 说出以下螺纹特征代号的含义。

（1）M12——

（2）M18 ×1. 5——

11. 加工本产品过渡套的螺纹前，应如何确定底孔直径? 如果是脆性材料，底孔又如何确定?

三、选择加工本任务螺旋式千斤顶所需的毛坯材料

1. 确定车削底座拟采用的毛坯材料类型和规格。

2. 顶头和过渡套的外形和前面加工过的零件形状有何不同？加工这两个零件最好选用什么类型和规格的毛坯材料？认真阅读下面的资料后选择确定。

知识链接

（1）型材的分类

1）简单断面型钢

①方钢——热轧方钢、冷拉方钢；②圆钢——热轧圆钢、锻制圆钢、冷拉圆钢；③线材；④扁钢；⑤弹簧扁钢；⑥角钢——等边角钢、不等边角钢；⑦三角钢；⑧六角钢；⑨弓形钢；⑩椭圆钢。

2）复杂断面型钢

①工字钢——普通工字钢、轻型工字钢；②槽钢——热轧槽钢（普通槽钢、轻型槽钢）、弯曲槽钢；③H 型钢（又称宽腿工字钢）；④钢轨——重轨、轻轨、起重机钢轨、其他专用钢轨；⑤窗框钢；⑥钢板桩；⑦弯曲型钢——冷弯型钢、热弯型钢；⑧其他。

（2）型钢大、中、小型的划分

	大型	中型	小型
工字钢	高≥180 mm	高＜180 mm	——
槽钢	高≥180 mm	高＜180 mm	——
等边角钢	边宽≥160 mm	边宽 50～140 mm	边宽 20～45 mm
不等边角钢	边宽≥160×100 mm	边宽 140×（90～50）×32 mm	边宽≤45×28 mm
圆钢	直径≥90 mm	直径 38～80 mm	直径 10～36 mm

续表

	大型	中型	小型
方钢	边宽≥90 mm	边宽 50 ~ 75 mm	边宽 10 ~ 25 mm
扁钢	宽≥120 mm	宽 60 ~ 100 mm	宽 12 ~ 55 mm
螺纹钢	——	直径≥40 mm	直径 10 ~ 36 mm
铆钉钢	——	——	直径 10 ~ 22 mm
其他	异型钢、履带板、钢板桩等	异型钢、小农具用复合扁钢等	异型钢、农具钢、窗框钢等

(3) 型材的选用

冷拉圆钢、方钢、六角钢尺寸规格

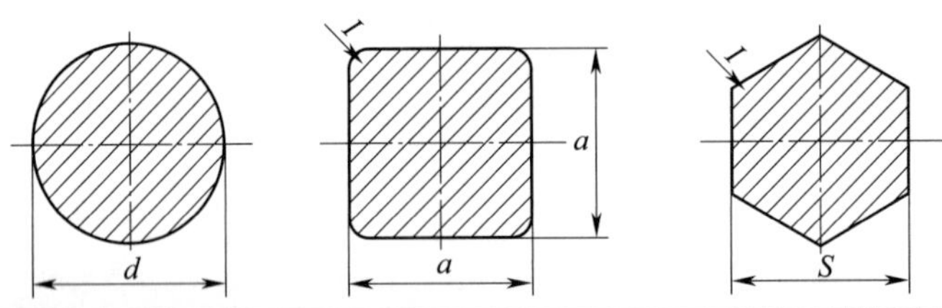

尺寸 d、a、s/mm	圆钢		方钢		六角钢	
	截面面积 /mm²	理论质量 /kg · m⁻¹	截面面积 /mm²	理论质量 /kg · m⁻¹	截面面积 /mm²	理论质量 /kg · m⁻¹
3	7.069	0.055 5	9	0.070 6	7.794	0.061 2
3.2	8.042	0.063 1	10.24	0.080 4	8.868	0.069 6
3.5	9.621	0.075 5	12.25	0.096 2	10.61	0.083 3
4	12.57	0.098 6	16	0.126	13.86	0.109
4.5	15.9	0.125	20.25	0.159	17.54	0.138
5	19.63	0.154	25	0.196	21.65	0.17
5.5	23.76	0.187	30.25	0.237	26.2	0.206
6	28.27	0.222	36	0.283	31.18	0.245
6.3	31.17	0.245	39.69	0.312	34.37	0.27
7	38.48	0.302	49	0.385	42.44	0.333
7.5	44.18	0.347	56.25	0.442	—	—
8	50.27	0.395	64	0.502	55.43	0.435
8.5	56.75	0.445	72.25	0.567	—	—

续表

尺寸 d、a、s/mm	圆钢		方钢		六角钢	
	截面面积 /mm²	理论质量 /kg·m⁻¹	截面面积 /mm²	理论质量 /kg·m⁻¹	截面面积 /mm²	理论质量 /kg·m⁻¹
9	63.62	0.499	81	0.636	70.15	0.551
9.5	70.88	0.556	90.25	0.708	—	—
10	78.54	0.617	100	0.785	86.6	0.68
10.5	86.59	0.68	110.2	0.865	—	—
11	95.03	0.746	121	0.95	104.8	0.823
11.5	103.9	0.815	132.2	1.04	—	—
12	113.1	0.888	144	1.13	124.7	0.979
13	132.7	1.04	169	1.33	146.4	1.15
14	153.9	1.21	196	1.54	169.7	1.33
15	176.7	1.39	225	1.77	194.9	1.53
16	201.1	1.58	256	2.01	221.7	1.74
17	227	1.78	289	2.27	250.3	1.96
18	254.5	2	324	2.54	280.6	2.2
19	283.5	2.23	361	2.83	312.6	2.45
20	314.2	2.47	400	3.14	346.4	2.72
21	346.4	2.72	441	3.46	381.9	3
22	380.1	2.98	484	3.8	419.2	3.29
24	452.4	3.55	576	4.52	498.8	3.92
25	490.9	3.85	625	4.91	541.3	4.25
26	530.9	4.17	676	5.31	585.4	4.6
28	615.8	4.83	784	6.15	679	5.33
30	706.9	5.55	900	7.06	779.4	6.12
32	804.2	6.31	1 024	8.04	886.8	6.96
34	907.9	7.13	1 156	9.07	1 001	7.86
35	962.1	7.55	1 225	9.62	—	—
36	—	—	—	—	1 122	8.81
38	1 134	8.9	1 444	11.3	1 251	9.82
40	1 257	9.86	1 600	12.6	1 386	10.9

四、选择加工本任务螺旋式千斤顶所需的工、量、刃具

1. 写出加工本任务螺旋式千斤顶零件所需的工具名称及其规格。

项目	名称	规格
工具		

2. 写出加工本任务螺旋式千斤顶零件所需的量具名称及其规格。

项目	名称	规格
量具		

3. 选择加工该螺旋式千斤顶零件所需的刃具名称和规格。

（1）丝锥主要用于加工直径较小的内螺纹。选用加工本任务的过渡套和底座所用的丝锥。

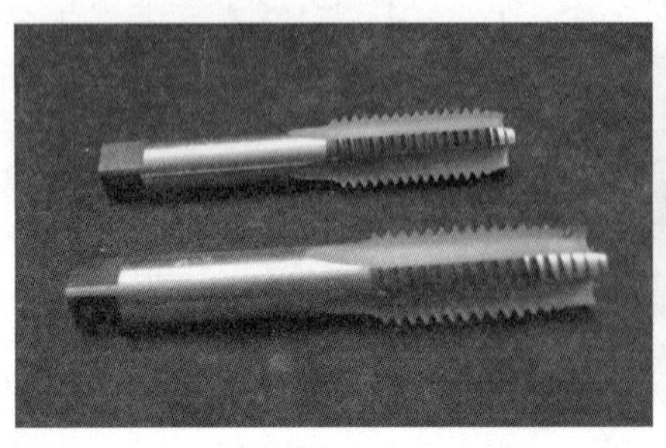

丝锥

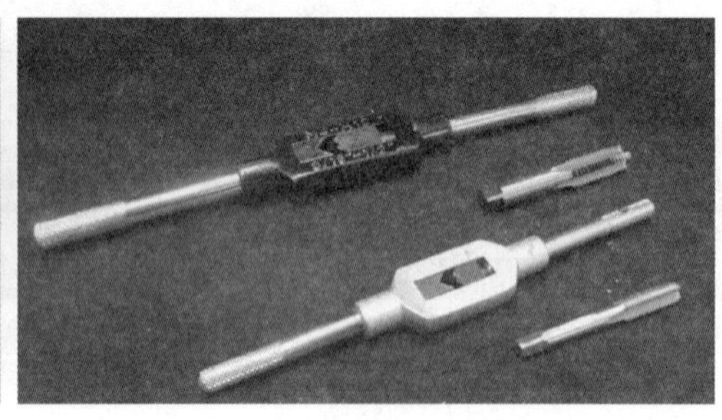

绞杠

（2）板牙是一种什么样的刀具？选用加工本任务的过渡套和顶头所用的板牙。

板牙

板牙架

五、填写工艺卡

顶头加工工艺卡

(单位名称)	加工工艺卡	产品名称	×××	图号				
		零件名称	顶头	数量				第 1 页
材料种类		材料成分		毛坯尺寸				共 1 页
工序号	工序内容	车间	设备	夹具	量具	刃具	计划工时	实际工时
更改号		拟定		校正		审核		批准
更改者								
日　期								

过渡套加工工艺卡

<table>
<tr><td rowspan="2" colspan="2">（单位名称）</td><td rowspan="2">加工工艺卡</td><td>产品名称</td><td colspan="2">×××</td><td colspan="2">图号</td><td colspan="4"></td></tr>
<tr><td>零件名称</td><td colspan="2">过渡套</td><td colspan="2">数量</td><td colspan="3"></td><td>第 1 页</td></tr>
<tr><td>材料种类</td><td></td><td>材料成分</td><td></td><td colspan="2">毛坯尺寸</td><td colspan="5"></td><td>共 1 页</td></tr>
<tr><td>工序号</td><td colspan="3">工序内容</td><td>车间</td><td>设备</td><td>夹具</td><td>量具</td><td>刃具</td><td colspan="2">计划工时</td><td>实际工时</td></tr>
<tr><td></td><td colspan="3"></td><td></td><td></td><td></td><td></td><td></td><td colspan="2"></td><td></td></tr>
<tr><td></td><td colspan="3"></td><td></td><td></td><td></td><td></td><td></td><td colspan="2"></td><td></td></tr>
<tr><td></td><td colspan="3"></td><td></td><td></td><td></td><td></td><td></td><td colspan="2"></td><td></td></tr>
<tr><td></td><td colspan="3"></td><td></td><td></td><td></td><td></td><td></td><td colspan="2"></td><td></td></tr>
<tr><td></td><td colspan="3"></td><td></td><td></td><td></td><td></td><td></td><td colspan="2"></td><td></td></tr>
<tr><td>更改号</td><td colspan="3"></td><td colspan="3">拟定</td><td colspan="2">校正</td><td colspan="2">审核</td><td>批准</td></tr>
<tr><td>更改者</td><td colspan="3"></td><td colspan="3"></td><td colspan="2"></td><td colspan="2"></td><td></td></tr>
<tr><td>日　期</td><td colspan="3"></td><td colspan="3"></td><td colspan="2"></td><td colspan="2"></td><td></td></tr>
</table>

底座加工工艺卡

<table>
<tr><td rowspan="2" colspan="2">（单位名称）</td><td rowspan="2">加工工艺卡</td><td>产品名称</td><td colspan="2">×××</td><td colspan="2">图号</td><td colspan="4"></td></tr>
<tr><td>零件名称</td><td colspan="2">底座</td><td colspan="2">数量</td><td colspan="3"></td><td>第 1 页</td></tr>
<tr><td>材料种类</td><td></td><td>材料成分</td><td></td><td colspan="2">毛坯尺寸</td><td colspan="5"></td><td>共 1 页</td></tr>
<tr><td>工序号</td><td colspan="3">工序内容</td><td>车间</td><td>设备</td><td>夹具</td><td>量具</td><td>刃具</td><td colspan="2">计划工时</td><td>实际工时</td></tr>
<tr><td></td><td colspan="3"></td><td></td><td></td><td></td><td></td><td></td><td colspan="2"></td><td></td></tr>
<tr><td></td><td colspan="3"></td><td></td><td></td><td></td><td></td><td></td><td colspan="2"></td><td></td></tr>
<tr><td></td><td colspan="3"></td><td></td><td></td><td></td><td></td><td></td><td colspan="2"></td><td></td></tr>
<tr><td></td><td colspan="3"></td><td></td><td></td><td></td><td></td><td></td><td colspan="2"></td><td></td></tr>
<tr><td></td><td colspan="3"></td><td></td><td></td><td></td><td></td><td></td><td colspan="2"></td><td></td></tr>
<tr><td>更改号</td><td colspan="3"></td><td colspan="3">拟定</td><td colspan="2">校正</td><td colspan="2">审核</td><td>批准</td></tr>
<tr><td>更改者</td><td colspan="3"></td><td colspan="3"></td><td colspan="2"></td><td colspan="2"></td><td></td></tr>
<tr><td>日　期</td><td colspan="3"></td><td colspan="3"></td><td colspan="2"></td><td colspan="2"></td><td></td></tr>
</table>

学习活动 2　螺旋式千斤顶的加工

学习目标

1. 能按要求正确规范地填写螺旋式千斤顶工序卡片。

2. 能按螺旋式千斤顶的图样要求，测量毛坯外形尺寸，判断毛坯是否有足够的加工余量。

3. 能正确装夹工件，并对其进行找正。

4. 能正确规范地装夹内孔车刀、丝锥、板牙等刀具及辅助工具。

5. 能正确使用丝锥和板牙加工内外螺纹。

6. 能利用螺纹塞规和环规对内外螺纹进行正确规范地测量。

7. 能根据现场条件，查阅相关资料，确定符合加工技术要求的工、量具和辅件。

8. 能按产品工艺流程和车间要求，进行产品交接并规范填写交接班记录表。

9. 能按要求正确规范地完成本次学习活动工作页的填写。

建议学时：48 学时。

学习过程

一、制定加工步骤

下表是螺旋式千斤顶车削工艺表，根据表中的车削步骤及图例，填写完整下面螺旋式千斤顶的车削内容。

螺旋式千斤顶车削工艺表

工序	车削内容	图例	主要工、量、刃具
车削顶头	用________装夹并找正零件，零件伸出卡爪端面 65 mm 左右		卡盘扳手 刀架扳手 45°外圆车刀
	粗精车 M12 外圆至 ϕ11. 8 mm × 32 mm		90°外圆车刀 0 ~ 150 mm 游标卡尺
	用________板牙进行套螺纹，长度 30 mm；切断工件，保证总长至 52. 5 mm		切断刀 0 ~ 150 mm 游标卡尺 M12 的板牙
	调头用三爪自定心卡盘装夹六角钢并找正，车端面控制总长________mm，转动________车削________圆锥面，检验后卸顶头零件		45°外圆车刀 0 ~ 150 mm 游标卡尺 万能角度尺

续表

工序	车削内容	图例	主要工、量、刃具
车削过渡套	用三爪自定心卡盘装夹余料，伸出50 mm，车削端面，钻削直径为________mm的内孔并倒角，并用________丝锥攻制内螺纹		45°外圆车刀 90°外圆车刀 M12的丝锥 0～150 mm游标卡尺 ϕ10.2 mm的钻头
	粗、精车M18×1.5的外圆至________mm，切槽至3×2 mm，采用M18×1.5________ 套制外螺纹；用切断刀切断，保证工件总长至32.5 mm，然后掉头装夹，车端面，控制总长至32±0.15 mm，检验卸过渡套零件		90°外圆车刀 切槽刀 切断刀 M18的板牙 0～150 mm游标卡尺
车削底座	采用三爪自定心卡盘装夹，将ϕ50 mm毛坯伸出40 mm，车端面，钻直径为________mm的内孔，并用M18×1.5的丝锥攻丝；然后采用转动小滑板法，粗、精车两个圆锥面		45°外圆车刀 90°外圆车刀 0～150 mm游标卡尺 ϕ16.5 mm的钻头 M18的丝锥

续表

工序	车削内容	图例	主要工、量、刃具
车削底座	自检后，从 26 mm 处切断		切断刀 0 ~ 150 mm 游标卡尺
	掉头装夹，车削端面控制总长________ mm，检验后卸底座零件		45°外圆车刀 0 ~ 150 mm 游标卡尺

操作提示

1. 丝锥的正确使用

（1）选择丝锥时，应检查丝锥的齿形是否有缺损。

（2）在攻螺纹时，丝锥的轴线必须与工件的端面垂直。

（3）丝锥必须选择正确，先用一锥，再用二锥。

（4）攻制塑性材料时，应充分加注切削液。

2. 板牙的正确使用

（1）选择板牙时，应检查板牙的齿形是否有缺损。

（2）装夹板牙时不能歪斜，保证板牙轴心线和板牙架端面垂直。

（3）套制塑性材料时，应充分加注切削液。

安全提示

1. 攻螺纹时，用力不能过猛，以免损坏螺纹或折断丝锥。
2. 攻螺纹或套螺纹后，严禁开车时用手或棉纱清理螺纹上的切屑，以免发生事故。

二、填写工序卡片

螺旋式千斤顶加工工序卡

螺旋式千斤顶加工工序卡片	产品型号		零件图号							
	产品名称		零件名称		共		页	第		页

车间	工序号	工序名称	材料牌号
毛坯种类	毛坯外形尺寸	每毛坯可制件数	每台件数
设备名称	设备型号	设备编号	同时加工件数

夹具编号	夹具名称	切削液	
工位器具编号	工位器具名称	工序工时（分）	
		准终	单件

工步号	工步内容	工艺装备	主轴转速 r/min	切削速度 m/min	进给量 mm/r	背吃刀量 mm	进给次数	工步工时	
								机动	辅助

续表

<table>
<tr><th rowspan="2">工步号</th><th rowspan="2">工步内容</th><th rowspan="2">工艺装备</th><th rowspan="2">主轴
转速
r/min</th><th rowspan="2">切削
速度
m/min</th><th rowspan="2">进给量
mm/r</th><th rowspan="2">背吃
刀量
mm</th><th rowspan="2">进给
次数</th><th colspan="2">工步工时</th></tr>
<tr><th>机动</th><th>辅助</th></tr>
<tr><td></td><td></td><td></td><td></td><td></td><td></td><td></td><td></td><td></td><td></td></tr>
<tr><td></td><td></td><td></td><td></td><td></td><td></td><td></td><td></td><td></td><td></td></tr>
<tr><td></td><td></td><td></td><td></td><td></td><td></td><td></td><td></td><td></td><td></td></tr>
<tr><td></td><td></td><td></td><td></td><td></td><td></td><td></td><td></td><td></td><td></td></tr>
<tr><td></td><td></td><td></td><td></td><td></td><td></td><td></td><td></td><td></td><td></td></tr>
<tr><td></td><td></td><td></td><td></td><td></td><td></td><td></td><td></td><td></td><td></td></tr>
</table>

	设计（日期）	校对（日期）	审核（日期）	标准化（日期）	会签（日期）

三、填写领料单

领料单

填表日期：　年　月　日　　　　　　发料日期：　年　月　日

<table>
<tr><td>领料部门</td><td></td><td>产品名称及数量</td><td colspan="4"></td></tr>
<tr><td>领料单号</td><td></td><td>零件名称及数量</td><td colspan="4"></td></tr>
<tr><td rowspan="2">材料名称</td><td rowspan="2">材料规格及型号</td><td rowspan="2">单位</td><td colspan="2">数量</td><td rowspan="2">单价</td><td rowspan="2">总价</td></tr>
<tr><td>请领</td><td>实发</td></tr>
<tr><td></td><td></td><td></td><td></td><td></td><td></td><td></td></tr>
<tr><td>材料说明用途</td><td>材料仓库</td><td>主管</td><td>发料数量</td><td>领料部门</td><td>主管</td><td>领料数量</td></tr>
<tr><td></td><td></td><td></td><td></td><td></td><td></td><td></td></tr>
</table>

领取材料时测量毛坯尺寸了吗？有足够余量加工螺旋式千斤顶吗？

四、填写工、量、刃具清单

工、量、刃具清单

序号	工、量、刃具名称	规格	数量	需领用

五、完成螺旋式千斤顶的车削

1. 认真阅读下面的操作提示，在车床上完成千斤顶的车削，并将加工过程中出现的问题和自己的心得记录下来。

知识链接

一、攻螺纹

1. 攻螺纹前的工艺要求

(1) 攻螺纹前孔径应比螺纹小径稍大，以减小攻螺纹时的切削抗力和防止丝锥折断。孔径的大小应根据材料性质决定：

加工钢件和塑性材料时，$D_{孔} \approx D - P$

加工铸铁和脆性材料时，$D_{孔} \approx D - 1.05P$

式中　$D_{孔}$——攻螺纹前孔径，mm

D——内螺纹大径，mm

P——螺距，mm

(2) 攻制不通孔螺纹时，由于丝锥前端的切削刃不能攻制出完整的牙型，所以钻孔时的孔深要大于规定的螺纹深度。通常钻孔深度应等于螺纹有效长度加上螺纹公称直径的0.7倍，即：

$$H = h_{有效} + 0.7D$$

式中 H ——攻螺纹前底孔深度，mm

$h_{有效}$——螺纹有效长度，mm

D——内螺纹大径，mm

（3）孔口倒角30°，可用60°钻头或锪钻进行加工，也可用车刀倒角，倒角后的直径应大于螺纹大径。

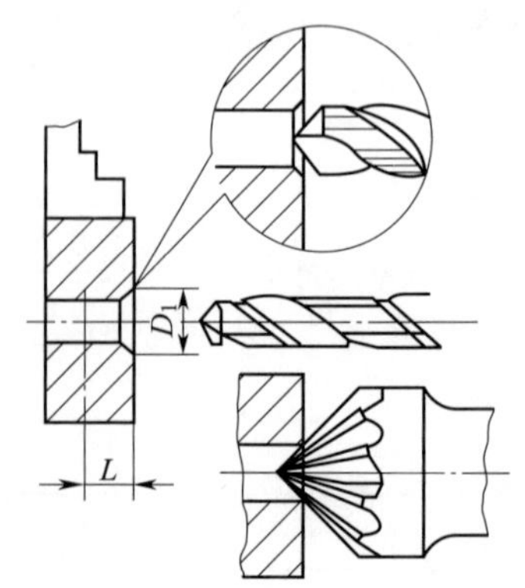

（4）攻螺纹前必须把尾座套筒轴线和主轴轴线找正重合。

2. 攻螺纹的方法

（1）用攻螺纹工具攻螺纹，方法如下：

1）把攻螺纹工具装在尾座锥孔内，把丝锥装进工具的方孔中。

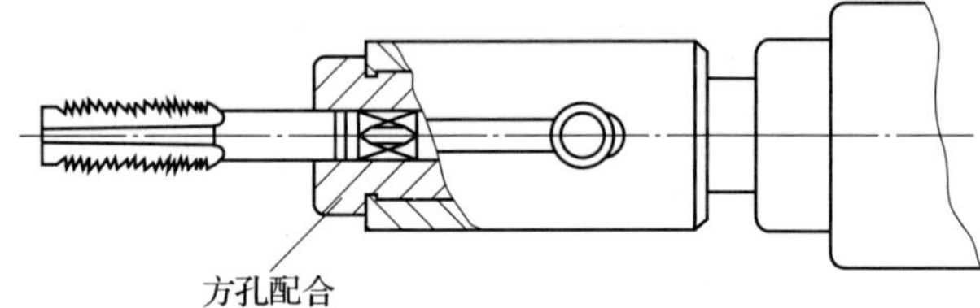

2）根据螺纹的有效长度，在丝锥或攻螺纹工具上做标记。

3）移动尾座使丝锥靠近工件，紧锁尾座。

4）启动车床，充分浇注切削液，转动尾座手轮使丝锥切削部分进入孔内，当丝锥切入工件几牙后，停止转动尾座手轮，由攻螺纹工具可滑动部分随丝锥进给，攻制内螺纹。.

5）当丝锥进到所需要的深度尺寸时，立即开倒车退出丝锥。

（2）用扳手和尾座顶尖攻螺纹方法

1）把丝锥切削部分放置在工件的孔内，用后顶尖顶住丝锥柄部的中心孔。

2）用扳手夹持丝锥柄部的方榫，并使扳手柄部支撑在刀架上的支撑刀杆上。

3）用手握住尾座手轮，稍用力顶紧，开车，浇注切削液，这时要转动手轮使顶尖紧随丝锥移动，但不可用力过猛。

4）当丝锥进入到所需要的尺寸时，立即停车并退回顶尖。

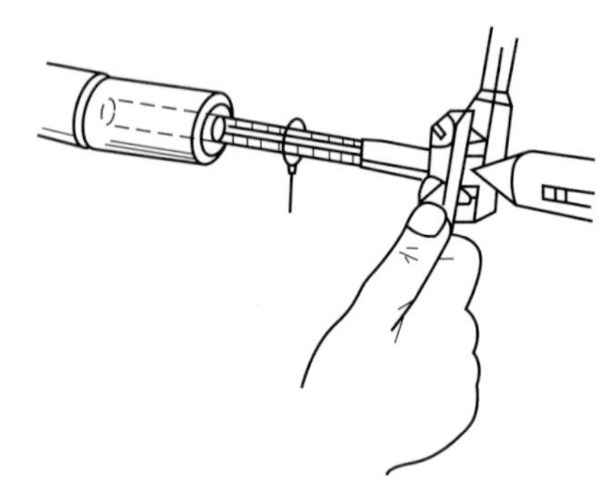

5）开倒车退出丝锥。

3. 攻螺纹时切削速度的选择

攻钢件，选择 $v_c = 2 \sim 4$ m/min，攻铸铁件，选择 $v_c = 4 \sim 6$ m/min。

4. 攻螺纹时切削液的选择

(1) 攻制优质碳素结构钢工件的内螺纹时，一般选用硫化切削油、机油和乳化液。

(2) 攻制低碳钢或韧性较大的材料的内螺纹时，可选用工业植物油。

(3) 攻制铸铁材料的内螺纹时，可选用煤油或不浇注切削液。

二、套螺纹

1. 套螺纹前的工艺要求

(1) 用板牙套螺纹，通常适用于公称直径小于16 mm或螺距小于2 mm的外螺纹。

(2) 由于套螺纹时工件材料受板牙的挤压而产生变形，牙顶将被挤高，所以套螺纹前工件外圆应车至小于螺纹大径，一般可按下述计算公式确定：

$$d_0 = d - 0.13P$$

式中　d_0——套螺纹前圆柱直径，mm；

d——螺纹大径，mm；

P——螺距，mm。

(3) 外圆车好后，端面必须倒角，倒角后端面直径稍小于螺纹小径，以便于板牙切入工件。

(4) 套螺纹前必须找正尾座，其轴线应与车床主轴轴线重合。

(5) 板牙端面应与主轴轴线垂直。

2. 套螺纹方法

(1) 把套螺纹工具的锥柄部分装在尾座套筒锥孔内，圆板牙装入滑动套筒内，使螺钉对准板牙上的锥坑，拧紧。销钉用于防止滑动套筒在切削时转动。

(2) 将尾座移到工件前适当的位置紧锁，转动尾座手轮，使板牙靠近工件端面。

(3) 启动车床，浇注充分切削液。转动尾座手轮使板牙切入工件后，停止转动。由滑动套筒在工件体内自动轴向进给。

(4) 当板牙进到所需要的尺寸位置时，立即停车，然后开倒车，使工件反转退出板牙。

3. 切削速度的选择

用板牙套螺纹时，必须选择低的切削速度。

(1) 钢件选 $v_c = 3 \sim 4$ m/min；铸铁件选 $v_c = 2 \sim 3$ m/min。

(2) 黄铜件选 $v_c = 6 \sim 9$ m/min。

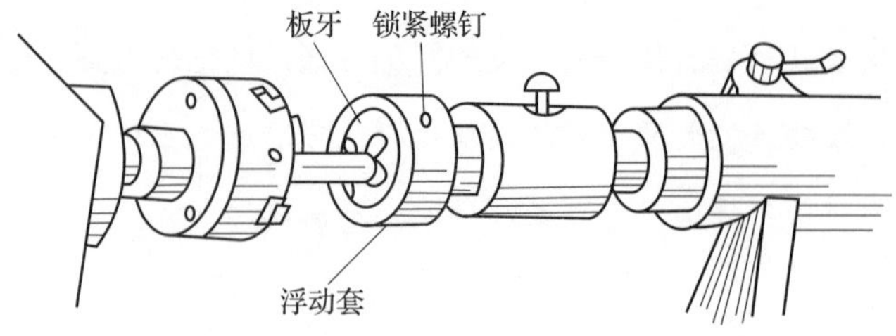

4．切削液的选择

（1）切削钢件，一般选用硫化切削油、机油和乳化液。

（2）切削铸铁件，选用煤油或不使用切削液。

（3）攻制低碳钢或韧性较大材料的内螺纹，选用工业植物油。

加工过程中出现的问题和自己的心得：

2．加工完毕后，按照图样要求进行自检，正确放置零件，并进行产品交接确认；按照国家环保相关规定和车间要求，整理现场，正确处置废油液等废弃物；按车间规定填写交接班记录（见附表1）。

3．螺旋式千斤顶加工完成后要对车床进行保养，根据车床保养的实际情况填写设备日常保养记录卡（见附表2）。

学习活动3　螺旋式千斤顶的测量及误差分析

学习目标

1. 能根据图样，对自己完成的螺旋式千斤顶进行正确检测。

2. 能根据螺旋式千斤顶的测量结果，分析误差产生的原因及对配合精度的影响。

3. 能按检验室管理要求，正确放置检验工、量具。

4. 能主动获取有效信息，并能与他人良好合作，进行有效的沟通。

5. 能按要求正确规范地完成本次学习活动工作页的填写。

建议学时：6学时。

学习过程

一、对工件进行检测，并将检测结果填写在检测结果表中

螺旋式千斤顶零件质量检验单

序号	检测内容	检测项目及分值				测量情况	
		检测项目	配分 IT	配分 Ra	评分标准	检测结果	得分
1	顶头	M12	7		超差不得分		
2		52 ±0.15 mm	5		超差不得分		
3		30 mm、32 mm	3	3	超差不得分		
4		C0.5	2		超差不得分		

续表

序号	检测内容	检测项目及分值			测量情况	
		检测项目	配分 IT Ra	评分标准	检测结果	得分
5	过渡套	M12	7	超差不得分		
6		M18 × 1.5	7	超差不得分		
7		3 mm × 2 mm	3　3	超差不得分		
8		32 ± 0.15 mm	5	超差不得分		
9		24 mm	3	超差不得分		
10		C0.5	2	超差不得分		
11		◎ ϕ0.03 A	8	超差不得分		
12	底座	$\phi 48_{-0.039}^{0}$ mm，Ra3.2 μm	8	超差不得分		
13		ϕ26 mm、ϕ29 mm	4　4	超差不得分		
14		M18 × 1.5	5	超差不得分		
15		25 ± 0.1 mm	5	超差不得分		
16		3 mm、3 mm	3　3	超差不得分		
17		C0.5	2	超差不得分		
18		// 0.02 B	8	超差不得分		
总分						

二、填写螺旋式千斤顶几何公差误差测量报告

1. 新的国家标准中零件的几何公差的种类有哪些？哪些是形状公差，哪些是位置公差？

2. 过渡套零件同轴度公差的测量。

测量内容	同轴度	零件名称	
测量工具和仪器		测量人员	
班级		日　　期	

一、测量目的：

二、测量步骤：

三、测量要领：

四、结论（误差分析）：

五、改进措施：

3．底座零件平行度公差的测量。

测量内容	平行度	零件名称	
测量工具和仪器		测量人员	
班　　级		日　　期	

一、测量目的：

二、测量步骤：

三、测量要领：

四、结论（误差分析）：

五、改进措施：

三、根据检测结果进一步分析攻螺纹与套螺纹时产生废品的原因及预防措施

废品种类	产生原因	预防方法
牙型高度不够		
螺纹中径尺寸不对		
螺纹表面粗糙度达不到要求		

学习活动4　工作总结与评价

学习目标

1. 能按分组情况，分别派代表展示工作成果，说明本次任务的完成情况，并分析总结。

2. 能结合自身任务完成情况，正确规范撰写工作总结（心得体会）。

3. 能就本次任务中出现的问题提出改进措施。

4. 能与他人开展良好合作，进行有效的沟通。

5. 能按要求正确规范地完成本次学习活动工作页的填写。

建议学时：6学时。

学习过程

一、展示评价

把个人制作好的螺旋式千斤顶先进行分组展示，再由小组推荐代表作必要的介绍。在展示的过程中，以组为单位进行评价；评价完成后，根据其他组成员对本组展示成果的评价意见进行归纳总结。完成如下项目：

1. 展示的螺旋式千斤顶符合技术标准吗？

合格□　　不良□　　返修□　　报废□

2. 与其他组相比，本小组的螺旋式千斤顶工艺你认为：

工艺优化□　　工艺合理□　　工艺一般□

3. 本小组介绍成果表达是否清晰?

很好□　　一般，常补充□　　不清晰□

4. 本小组演示螺旋式千斤顶检测方法操作正确吗?

正确□　　部分正确□　　不正确□

5. 本小组演示操作时遵循了“5S”的工作要求吗?

符合工作要求□　　忽略了部分要求□　　完全没有遵循□

6. 本小组的成员团队创新精神如何?

良好□　　一般□　　不足□

二、自评总结（心得体会）

三、教师对展示的作品分别作评价

1. 找出各组的优点点评。
2. 对任务完成过程中各组的缺点进行点评，提出改进方法。
3. 对整个任务完成中出现的亮点和不足进行点评。

评价与分析

任务评价表

班级：________ 学生姓名：________ 学号：________

<table>
<tr><th rowspan="3">项目</th><th colspan="3">自我评价</th><th colspan="3">小组评价</th><th colspan="3">教师评价</th></tr>
<tr><th>10 ~ 9</th><th>8 ~ 6</th><th>5 ~ 1</th><th>10 ~ 9</th><th>8 ~ 6</th><th>5 ~ 1</th><th>10 ~ 9</th><th>8 ~ 6</th><th>5 ~ 1</th></tr>
<tr><th colspan="3">占总评 10%</th><th colspan="3">占总评 30%</th><th colspan="3">占总评 60%</th></tr>
<tr><td>学习活动 1</td><td></td><td></td><td></td><td></td><td></td><td></td><td></td><td></td><td></td></tr>
<tr><td>学习活动 2</td><td></td><td></td><td></td><td></td><td></td><td></td><td></td><td></td><td></td></tr>
<tr><td>学习活动 3</td><td></td><td></td><td></td><td></td><td></td><td></td><td></td><td></td><td></td></tr>
<tr><td>学习活动 4</td><td></td><td></td><td></td><td></td><td></td><td></td><td></td><td></td><td></td></tr>
<tr><td>表达能力</td><td></td><td></td><td></td><td></td><td></td><td></td><td></td><td></td><td></td></tr>
<tr><td>协作精神</td><td></td><td></td><td></td><td></td><td></td><td></td><td></td><td></td><td></td></tr>
<tr><td>纪律观念</td><td></td><td></td><td></td><td></td><td></td><td></td><td></td><td></td><td></td></tr>
<tr><td>工作态度</td><td></td><td></td><td></td><td></td><td></td><td></td><td></td><td></td><td></td></tr>
<tr><td>任务总体表现</td><td></td><td></td><td></td><td></td><td></td><td></td><td></td><td></td><td></td></tr>
<tr><td>小计分</td><td colspan="3"></td><td colspan="3"></td><td colspan="3"></td></tr>
<tr><td>总评分</td><td colspan="9"></td></tr>
</table>

任课教师： 日期： 年 月 日

学习任务七　车削丝杠

学习目标

1. 能独立阅读生产任务单，明确产品名称、加工数量等要求。

2. 能查阅相关资料，描述梯形螺纹丝杠的类别与用途。

3. 能测绘丝杠零件图，并根据生产任务单，制定相应工作计划。

4. 能识读图样，查阅资料并进行相关计算，制定零件的加工工艺。

5. 能根据产品的加工要求，正确刃磨外梯形螺纹车刀。

6. 能对外梯形螺纹进行测量并对数据进行记录处理。

7. 能制定常用机床丝杠的热处理方法。

8. 能绘制丝杠零件图。

9. 能按车间管理和产品工艺流程的要求，正确放置丝杠零件并进行质量检验和确认。

10. 能按车间要求，规范填写交接班记录表。

11. 能主动获取有效信息，展示工作成果，对学习与工作进行反思总结，并能与他人开展良好合作，进行有效的沟通。

建议学时

80 学时。

工作情境描述

某企业委托我班加工一批丝杠，数量为 30 件，工期为 20 天，包工包料，零件尺寸见图样。由本车工组承担完成加工任务。

工作流程与活动

1. 丝杠的工艺分析（20 学时）
2. 丝杠的加工（48 学时）
3. 丝杠的测量及误差分析（6 学时）
4. 工作总结与评价（6 学时）

学习活动1　丝杠的工艺分析

学习目标

1. 能独立阅读生产任务单，明确产品名称、加工数量等要求。

2. 能查阅相关资料，描述梯形螺纹丝杠的类别与用途。

3. 能查阅资料并表述梯形螺纹的规定画法及标注方法。

4. 能查阅资料并表述产品的热处理工艺及应用。

5. 能编制零件的加工工艺。

6. 能规范填写丝杠的加工工艺卡。

7. 能根据现场条件，查阅相关资料，选择符合加工技术要求的工、量、刃具。

8. 能按要求正确规范地完成本次学习活动工作页的填写。

建议学时：20学时。

学习过程

一、领取生产任务单，明确加工任务

生产任务单

需方单位名称		某企业		完成日期	年　月　日
序号	产品名称	材料	数量	技术标准、质量要求	
1	丝杠	45钢	30件	按图样要求	
2					

续表

需方单位名称		某企业		完成日期	年　月　日	
序号	产品名称	材料	数量	技术标准、质量要求		
3						
4						
生产批准时间		年 月 日	批准人			
通知任务时间		年 月 日	发单人			
接单时间		年 月 日	接单人		生产班组	车工组

1. 本生产任务需要加工的零件名称为：________________；材料：________________；加工数量：________________。

2. 本生产任务加工周期为 20 天，试问你们小组准备如何分配任务完成零件的加工？

3. 查阅资料，表述丝杠的类别与用途。

二、根据教师给出的丝杠零件样品，测绘丝杠零件，绘制零件草图

三、识读零件图

30°
30°
C1.5
C1.5
φ24
Tr36×6-7h
φ24
15
65
80
Ra 1.6
30°
φ29$^{0}_{-0.419}$
φ33$^{0}_{-0.335}$
φ36$^{0}_{-0.375}$
Ra 3.2 (√)
制图
年 月 日
材料
45钢
某企业
校核
比例
1:1
丝杠
审核
共1张 第1张
7-1

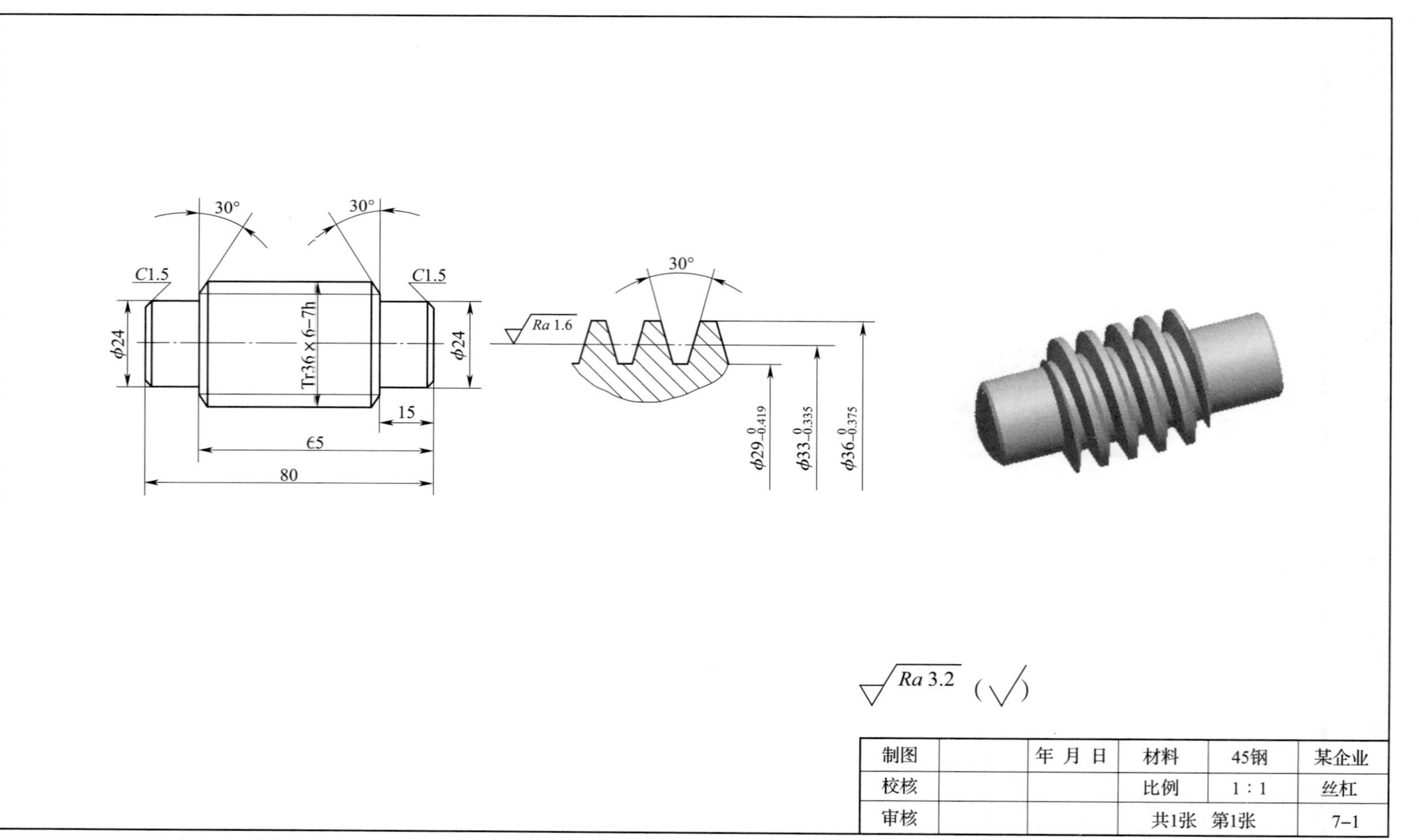

1．查阅资料，表述梯形螺纹的规定画法及尺寸标注方法，举例说明。

2．结合零件图说明加工丝杠零件需要保证的技术要求。

3．对照下面的梯形螺纹牙型剖视图，对 Tr36×6－7h 外梯形螺纹的各参数尺寸进行计算。

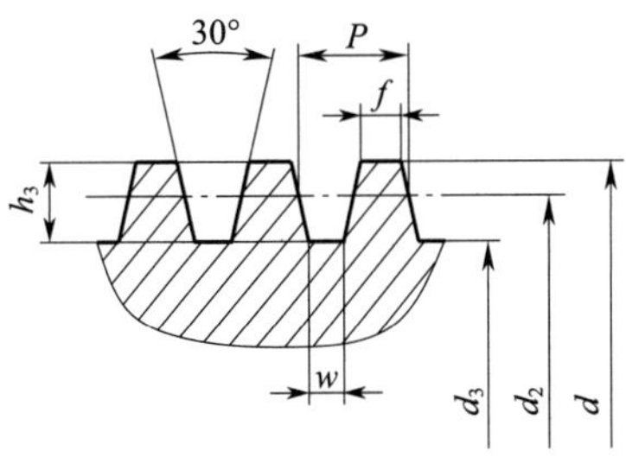

螺纹牙型剖视图

四、丝杠工艺编制

1. 选择加工丝杠零件所需的毛坯材料，确定所需热处理工艺方法。

（1）确定车削丝杠拟采用的毛坯材料类型和规格。

（2）丝杠在使用过程中应保证其不易变形弯曲及耐磨等要求，考虑应选用哪些热处理方法保证这些要求？

2. 想一想，编制零件的加工工艺的原则和要求是什么？

3. 分析零件的加工工艺，试述加工丝杠的加工工艺过程。

4. 分析丝杠零件图样，填写丝杠加工工艺卡。

丝杠加工工艺卡

(单位名称)	加工	产品名称	××企业	图号		
	工艺卡	零件名称	丝杠	数量		第 1 页
材料种类		材料成分		毛坯尺寸		共 1 页

工序号	工序内容	车间	设备	夹具	量具	刃具	计划工时	实际工时

更改号		拟定	校正	审核	批准
更改者					
日 期					

五、选择加工本任务丝杠零件所需的工、量、刃具

1. 写出加工本任务丝杠零件所需工具的名称及其规格。

项目	名 称	规 格
工具		

2. 写出加工本任务丝杠零件所需量具的名称及其规格。

项目	名 称	规 格
量具		

（1）加工本任务丝杠零件用到哪些新的量具?

（2）说一说公法线千分尺的使用注意事项。

（3）比较三针测量梯形螺纹和单针测量梯形螺纹的优缺点。

（4）如何确定最佳量针直径？本任务的最佳量针直径是多少？

3. 列出加工丝杠零件所需的刃具名称和规格。

项目	名 称	规 格
刃具		

（1）如下图所示为高速钢梯形螺纹粗、精车刀，回答下列问题。

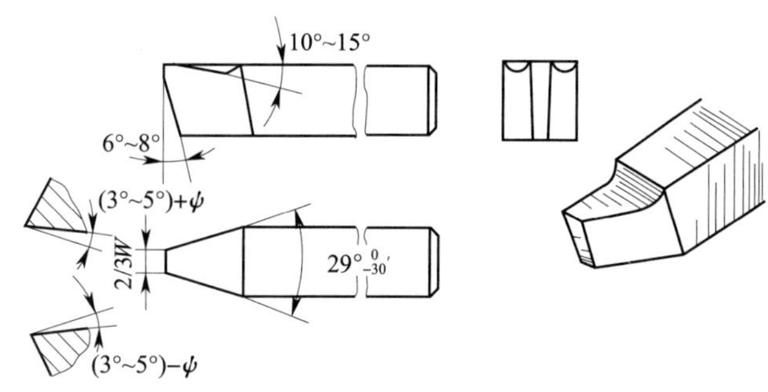

高速钢外梯形螺纹粗车刀

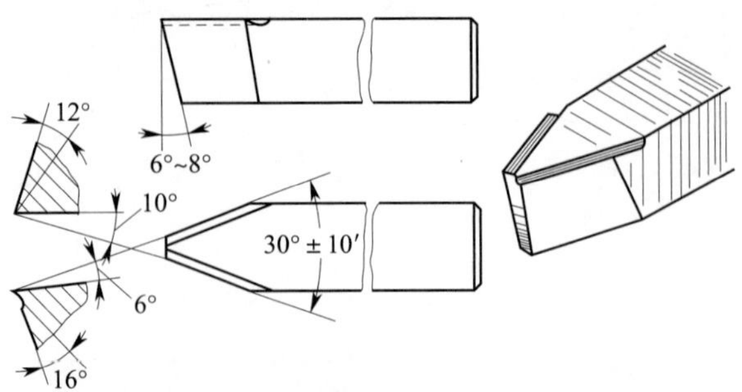

高速钢外梯形螺纹精车刀

1）分析螺纹升角 ψ 对螺纹车刀轴向工作前角的影响情况。

2）分析螺纹升角 ψ 对螺纹车刀轴向工作后角的影响情况。

3）分析径向工作前角对刀尖角的影响情况。

4）说一说，刃磨外梯形螺纹车刀有什么要求？

（2）下图为刃磨梯形螺纹车刀所需的工具，写出各个工具的名称。

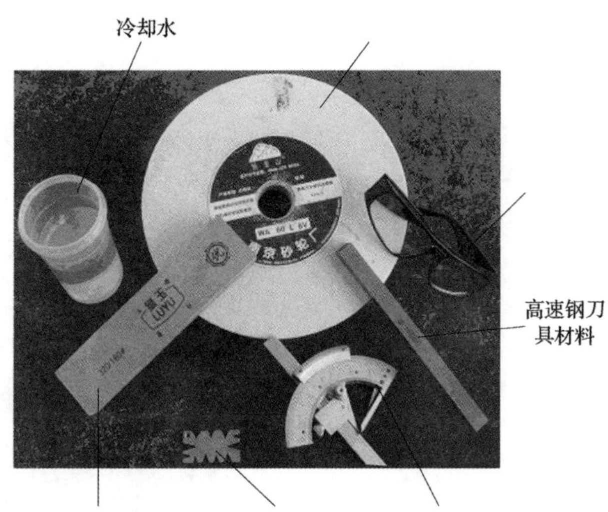

（3）看梯形外螺纹车刀的刃磨过程图片，填写刃磨梯形外螺纹车刀操作内容（在横线处填写正确答案）。

梯形外螺纹车刀的刃磨过程

步骤	操作内容	图　例
步骤1：磨进给方向后刀面	磨进给方向后刀面，控制刀尖半角 $\varepsilon_r/2$ 及后角 α_{oL}（$3^\circ \sim 5^\circ + \psi$）。此时，刀杆与砂轮圆周夹角约为 $\varepsilon_r/2$，刀面向外侧倾斜 $\alpha_{oe} + \psi$	

续表

步骤	操作内容	图　例
步骤2：磨背进给方向后刀面	磨背进给方向后刀面，以初步形成两刃夹角，控制刀尖角 ε_r 及后角 α_{oR}（$3° \sim 5° - \psi$）。此时，刀杆与砂轮圆周夹角约为 $\varepsilon_r/2$，刀面向外侧倾斜 $\alpha_{oe} - \psi$	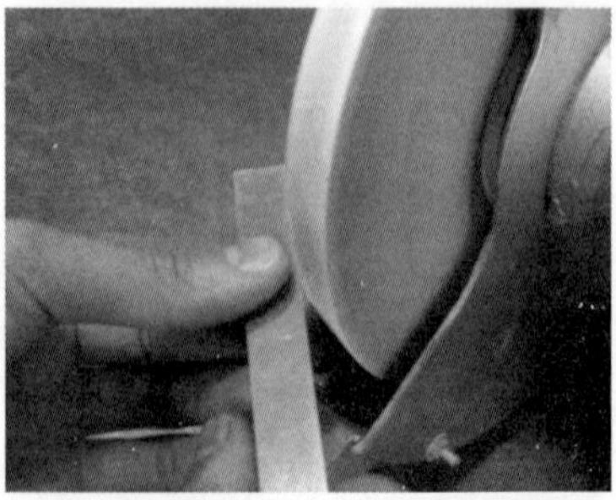
步骤3：精磨后刀面	精磨后刀面，保证________角（用螺纹车刀样板或角度尺测量，此时刀刃要平直、刀面要光洁）	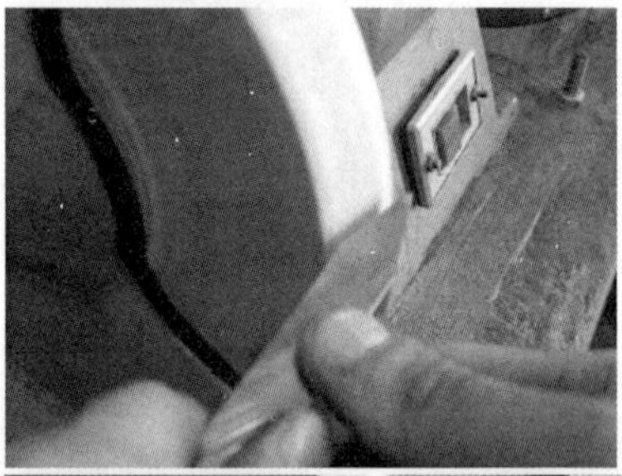 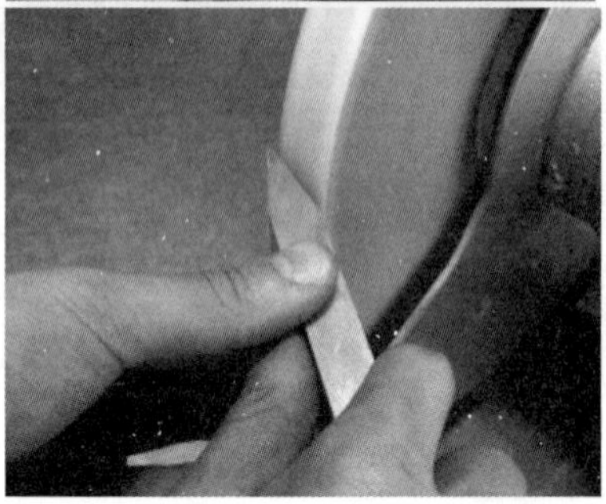
步骤4：测量刀尖角	用螺纹车刀样板测量刀尖角（测量时样板应与车刀底平面平行，用透光法检查）	

续表

步骤	操作内容	图　例
步骤5：精磨前刀面	精磨前刀面，以形成________（在离开刀尖、大于牙型深度处以砂轮边角为支点，夹角等于前角，使火花最后在刀尖处磨出）	
步骤6：研磨前、后刀面	用油石研磨刀刃处的前、后刀面（注意保持刃口锋利）	

操作提示

1. 刃磨两侧后角时，要注意螺纹的左右旋向，并根据螺纹升角 ψ 的大小来确定两侧后角的增减。

2. 刃磨高速钢梯形螺纹车刀时，应经常蘸水冷却，以防刃口退火。

3. 螺距较小的梯形螺纹精车刀不便于刃磨断屑槽时，可采用较小背前角的梯形螺纹精车刀。

（4）绘制螺纹车刀刀具图、编写螺纹车刀刃磨步骤、填写螺纹车刀测量报告。

课题名称		课题编号	
车刀材料			
砂轮类型		学习时段	
量　　具			

绘制螺纹车刀刀具图

编写螺纹车刀刃磨步骤

评分表

考核项目	配分	评分标准	实测情况	得分
前角 12°～15°	15	每超差 2°，扣 3 分		
主后角 8°	15	每超差 2°，扣 3 分		
副后角（3°～5°）±ψ（左、右）	30	每超差 2°，扣 3 分		
刀刃平直光洁	10	刀刃不平直光洁，扣 5 分		
刀面 Ra3.2 μm	15	每降一级扣 5 分		
刀头宽度（根据螺距刃磨）	15	超差无分		
安全文明生产		违章从总分中扣 20 分		
总　评				

学习活动 2　丝杠的加工

学习目标

1. 能根据丝杠图样，准确调整车床各部分手柄位置。

2. 能按图样要求，测量毛坯外形尺寸，判断毛坯是否有足够的加工余量。

3. 能正确装夹工件，并对其进行找正。

4. 能正确规范地装夹螺纹车刀。

5. 能正确选择外梯形螺纹的进刀方法及机床操纵方法。

6. 能正确选择合理的切削用量，并能正确选择本次任务要求的切削液。

7. 能在教师的指导下对加工中出现的常见问题，提出解决办法。

8. 能按车间现场管理和产品工艺流程的要求，正确放置丝杠零件并进行质量检验和确认。

9. 能按产品工艺流程和车间要求，进行产品交接并规范填写交接班记录表。

10. 能主动获取有效信息，展示工作成果，对学习与工作进行反思总结，并能与他人开展良好合作，进行有效的沟通。

11. 能按要求正确规范地完成本次学习活动工作页的填写。

建议学时：48 学时。

学习过程

一、制定加工步骤

1. 下表是丝杠车削过程表，根据表中的车削步骤及图例，填写完整下面车削丝杠的操作内容。

丝杠车削过程表

步　骤	操作内容	图　　例
步骤 1：夹持外圆，校正并夹紧	夹持外圆，伸出长度________ mm 左右，校正并夹紧	
步骤 2：车端面，打中心孔	车端面，打________孔（由于中心处线速度较低，应采用高速。建议主轴转速取 $n \geqslant 800$ r/min）	
步骤 3：一夹一顶装夹工件	用三爪自定心卡盘和顶尖支撑工件成________装夹	
步骤 4：粗、精车梯形螺纹大径	粗、精车梯形螺纹大径至 ϕ ________ mm × ________ mm	

续表

步　骤	操作内容	图　　例
步骤5：粗、精车外圆	粗、精车______ ϕ24 mm ×15 mm	
步骤6：粗、精车退刀槽	粗、精车________至 ϕ24 mm × 15 mm，保证长度尺寸65 mm	
步骤7：两端倒角	两端倒30°角和倒角 *C*1.5	
步骤8：手柄位置的调整	手柄位置的调整： 变换正常扩大螺距及正反转手柄位置，选择右旋正常螺距 变换主轴变速手柄位置，以满足切削速度的要求 变换螺纹种类变换手柄位置，选择米制螺纹 变换进给基本组操纵手柄位置，将手柄扳至“8”，以选择所需螺距 *P* =6 mm 变换进给倍增组操纵手柄，将手柄扳至“Ⅲ”	  

续表

步　骤	操作内容	图　　例

步骤 9：粗车梯形螺纹	粗车梯形螺纹 Tr36×6－7h，_______车至 $\phi29_{-0.419}^{0}$ mm 要求，两牙侧留余量 0.2 mm	
步骤 10：精车梯形螺纹大径	精车梯形螺纹大径，保证尺寸要求 $\phi36_{-0.375}^{0}$ mm	
步骤 11：两牙精车侧面，控制中径尺寸	精车两牙_______面，用三针测量法测量，控制_______尺寸至 $\phi33_{-0.335}^{0}$ mm	

续表

步　骤	操作内容	图　　例
步骤12：切断，控制总长	切断，控制总长________mm	
步骤13：掉头，找正并夹紧	掉头，垫铜皮装夹，找正	
步骤14：车端面，控制总长	车端面，控制总长80 mm	
步骤15：倒角	倒角 $C1.5$	
步骤16：卸下工件	完成后卸下工件	

2. 下图是车削梯形螺纹几种进刀方法，描述图1、图2、图3这几种车外梯形螺纹时的进刀方法并说明使用场合。

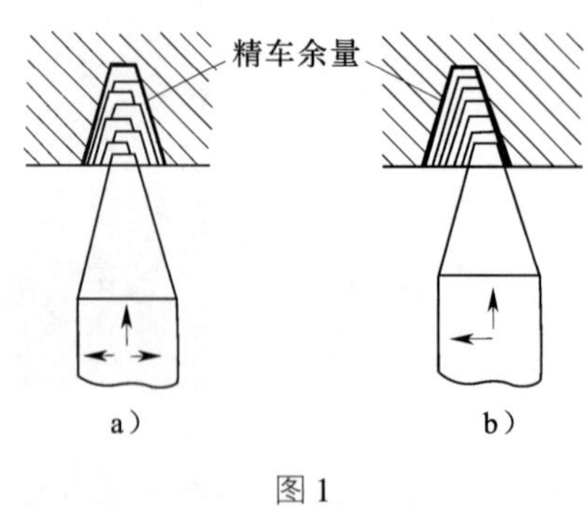

图1

进刀方法：

使用场合：

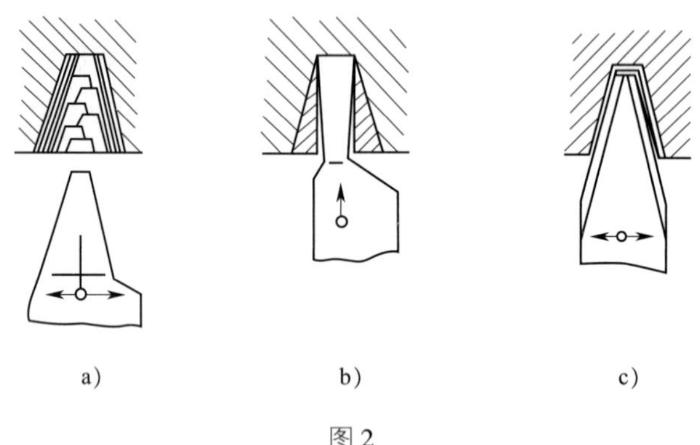

图2

进刀方法：

使用场合：

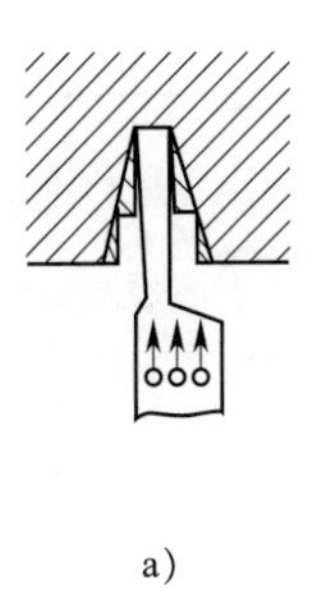

a)

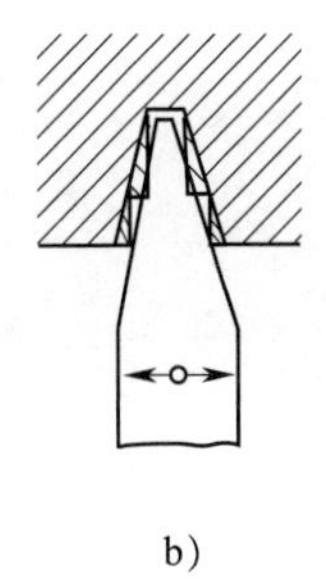

b)

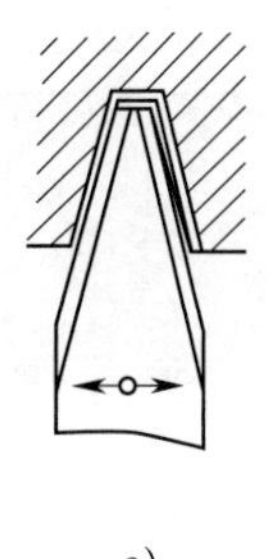

c)

图 3

进刀方法：

使用场合：

二、填写工序卡片

丝杠加工工序卡

<table>
<tr><td rowspan="2">丝杠加工工序卡片</td><td>产品型号</td><td></td><td>零件图号</td><td></td><td colspan="7"></td></tr>
<tr><td>产品名称</td><td></td><td>零件名称</td><td></td><td>共</td><td colspan="2"></td><td>页</td><td>第</td><td></td><td>页</td></tr>
<tr><td colspan="2" rowspan="11"></td><td>车间</td><td>工序号</td><td colspan="2">工序名称</td><td colspan="6">材料牌号</td></tr>
<tr><td></td><td></td><td colspan="2"></td><td colspan="6"></td></tr>
<tr><td>毛坯种类</td><td>毛坯外形尺寸</td><td colspan="2">每毛坯可制件数</td><td colspan="6">每台件数</td></tr>
<tr><td></td><td></td><td colspan="2"></td><td colspan="6"></td></tr>
<tr><td>设备名称</td><td>设备型号</td><td colspan="2">设备编号</td><td colspan="6">同时加工件数</td></tr>
<tr><td></td><td></td><td colspan="2"></td><td colspan="6"></td></tr>
<tr><td colspan="2">夹具编号</td><td colspan="3">夹具名称</td><td colspan="5">切削液</td></tr>
<tr><td colspan="2"></td><td colspan="3"></td><td colspan="5"></td></tr>
<tr><td colspan="2" rowspan="2">工位器具编号</td><td colspan="3" rowspan="2">工位器具名称</td><td colspan="5">工序工时（分）</td></tr>
<tr><td colspan="3">准终</td><td colspan="2">单件</td></tr>
<tr><td colspan="2"></td><td colspan="3"></td><td colspan="3"></td><td colspan="2"></td></tr>
</table>

续表

工步号	工步内容	工艺装备	主轴转速 r/min	切削速度 m/min	进给量 mm/r	背吃刀量 mm	进给次数	工步工时	
								机动	辅助

	设计（日期）	校对（日期）	审核（日期）	标准化（日期）	会签（日期）

三、填写领料单

领料单

填表日期：　年　月　日　　　　　　　　发料日期：　年　月　日

领料部门		产品名称及数量				
领料单号		零件名称及数量				
材料名称	材料规格及型号	单位	数量		单价	总价
			请领	实发		
材料说明用途	材料仓库	主管	发料数量	领料部门	主管	领料数量

领取材料时测量毛坯尺寸了吗？有足够余量加工丝杠吗？

四、填写工、量、刃具清单

工、量、刃具清单

序号	工、量、刃具名称	规格	数量	需领用

五、完成丝杠的车削

1．在车床上完成丝杠的车削，并将加工过程中出现的问题和自己的心得记录下来。

2．加工完毕后，按照图样要求进行自检，正确放置零件，并进行产品交接确认；按照国家环保相关规定和车间要求，整理现场，正确处置废油液等废弃物；按车间规定填写交接班记录（见附表1）。

3．丝杠加工完成后要对车床进行保养，请根据车床保养的实际情况填写设备日常保养记录卡（见附表2）。

学习活动 3　丝杠的测量及误差分析

学习目标

1. 能根据图样，对自己完成的丝杠进行正确检测，掌握梯形螺纹中径的重要性。

2. 能根据丝杠的测量结果，分析误差产生的原因。

3. 能按检验室管理要求，正确放置检验工、量具。

4. 能主动获取有效信息，并能与他人良好合作，进行有效的沟通。

5. 能按要求正确规范地完成本次学习活动工作页的填写。

建议学时：6 学时。

学习过程

一、对工件进行检测，并将检测结果填写在检测结果表中

丝杠零件质量检验单

序号	检测内容	检测项目及分值			测量情况	
		检测项目	配分 IT *Ra*	评分标准	检测结果	得分
1	螺纹	$\phi36\ ^{0}_{-0.375}$ mm	8	超差不得分		
2		$\phi33\ ^{0}_{-0.335}$ mm	30	超差不得分		
3		$\phi29\ ^{0}_{-0.419}$ mm	8	超差不得分		
4		30°	8	超差不得分		

续表

序号	检测内容	检测项目及分值			测量情况	
		检测项目	配分 IT　*Ra*	评分标准	检测结果	得分
5	其他尺寸	ϕ24 mm（两处）	8	IT14 超差不得分		
6		15 mm	8	IT14 超差不得分		
7		65 mm	8	IT14 超差不得分		
8		80 mm	8	IT14 超差不得分		
9		*C*1.5（两处）	8	IT14 超差不得分		
10		30°（两处）	6	IT14 超差不得分		
总分			100			

二、填写丝杠测量报告

1. 螺纹中径

测量内容	螺纹中径	零件名称	
测量工具和仪器		测量人员	
班　　级		日　　期	

一、测量目的：

二、测量步骤：

三、测量要领：

四、结论（误差分析）：

五、改进措施：

2. 表面质量的测量

测量内容	表面质量	零件名称	
测量工具和仪器		测量人员	
班　　级		日　　期	

一、测量目的：

二、测量步骤：

三、测量要领：

四、结论（误差分析）：

五、改进措施：

学习活动4　工作总结与评价

学习目标

1. 能按分组情况，分别派代表展示工作成果，说明本次任务的完成情况，并分析总结。

2. 能结合自身任务完成情况，正确规范撰写工作总结(心得体会)。

3. 能就本次任务中出现的问题提出改进措施。

4. 能与他人开展良好合作，进行有效的沟通。

5. 能按要求正确规范地完成本次学习活动工作页的填写。

建议学时：6学时。

学习过程

一、展示评价

把个人制作好的丝杠先进行分组展示，再由小组推荐代表作必要的介绍。在展示的过程中，以组为单位进行评价；评价完成后，根据其他组成员对本组展示成果的评价意见进行归纳总结。完成如下项目：

1. 展示的丝杠符合技术标准吗?

合格□　　不良□　　返修□　　报废□

2. 与其他组相比，本小组的丝杠工艺你认为：

工艺优化□　　工艺合理□　　工艺一般□

3. 本小组介绍成果表达是否清晰？

很好□　　一般，常补充□　　不清晰□

4. 本小组演示丝杠检测方法操作正确吗？

正确□　　部分正确□　　不正确□

5. 本小组演示操作时遵循了“5S”的工作要求吗？

符合工作要求□　　忽略了部分要求□　　完全没有遵循□

6. 本小组的成员团队创新精神如何？

良好□　　一般□　　不足□

二、自评总结（心得体会）

三、教师对展示的作品分别作评价

1. 找出各组的优点点评。
2. 对任务完成过程中各组的缺点进行点评，提出改进方法。
3. 对整个任务完成中出现的亮点和不足进行点评。

评价与分析

任务评价表

班级：__________　　学生姓名：__________　　学号：__________

项目	自我评价			小组评价			教师评价		
	10～9	8～6	5～1	10～9	8～6	5～1	10～9	8～6	5～1
	占总评 10%			占总评 30%			占总评 60%		
学习活动 1									
学习活动 2									
学习活动 3									
学习活动 4									
表达能力									
协作精神									
纪律观念									
工作态度									
任务总体表现									
小计分									
总评分									

任课教师：　　　　　　　　日期：　　年　　月　　日

附表

附表 1　交接班记录

设备名称：　　　　　　　　设备编号：　　　　　　　　使用班组：

项目	交接机床	交接工、量、夹、刃具			交接图纸	交接材料	交接成品件	交接半成品件	工艺技术交流
数量、使用情况（交班人填）									
交班人									
接班人									
日期									

注：在企业里不同班次在交接班时，班次之间一般会对交接班记录表进行填写，这样才能够做到责任明确、安全到人的规范要求。

附表 2　设备日常保养记录卡

设备名称：　　　设备编号：　　　使用部门：　　　保养年月：　　　存档编码：

日期 保养内容	1	2	3	4	5	6	7	8	9	10	11	12	13	14	15	16	17	18	19	20	21	22	23	24	25	26	27	28	29	30	31
环境卫生																															
机身整洁																															
加油润滑																															
工具整齐																															
电器损坏																															
机械损坏																															
保养人																															
备注																															

审核人：　　　　　　　　　　　　　　　　　　　　年　　　月　　　日

注：保养后，用“√”表示日保；“Δ”表示周保；“O”表示月保；“Y”表示一级保养；“×”表示有损坏或异常现象，应在“机械异常备注”栏给予记录。